数字电子技术学习指导及习题解答

主　编　张彩荣

副主编　刘建华　于　雷

参　编　刘丽君　李桂林

北京理工大学出版社

BEIJING INSTITUTE OF TECHNOLOGY PRESS

内 容 简 介

本书是专门为应用型电类本科专业的《数字电子技术实用教程》配套编写的学习指导及习题解答。该书对原教材每章的重点内容进行了小结，对重要的分析及设计方法进行了归纳总结，对原教材各章配备了题型丰富的习题，并给出了详细的解答。

全书内容共分 7 章，分别是数字逻辑基础、门电路与触发器、组合逻辑电路、时序逻辑电路、脉冲波形的产生与变换、半导体存储器、数/模和模/数转换电路。

本书可作为高等院校电气工程及自动化、自动化、轨道交通信号与控制、测控技术与仪器、电子信息工程、通信工程、电子科学与技术、计算机应用等电类专业的数字电子技术课外学习教材，电类学生数字电子技术课程考研参考用书。

图书在版编目（CIP）数据

数字电子技术学习指导及习题解答/张彩荣主编

. -- 北京 ： 北京理工大学出版社，2017.11（2015.1 重印）

ISBN 978-7-5682-5005-4

Ⅰ. ①数… Ⅱ. ①张… Ⅲ. ①数字电路–电子技术–高等学校–教学参考资料 Ⅳ. ①TN79

中国版本图书馆 CIP 数据核字（2017）第 289259 号

责任编辑：张鑫星　　文案编辑：张鑫星
责任校对：周瑞红　　责任印制：施胜娟

出版发行 / 北京理工大学出版社有限责任公司
社　　址 / 北京市丰台区四合庄路 6 号
邮　　编 / 100070
电　　话 /（010）68914026（教材售后服务热线）
　　　　　　（010）63726648（课件资源服务热线）
网　　址 / http://www.bitpress.com.cn

版印次 / 2025 年 1 月第 1 版第 2 次印刷
印　　刷 / 廊坊市印艺阁数字科技有限公司
开　　本 / 787 mm × 1092 mm　1/16
印　　张 / 10.5
字　　数 / 252 千字
定　　价 / 35.00 元

前　言

　　"数字电子技术基础"课程是国内外高等院校电气工程及自动化、自动化、轨道交通信号与控制、测控技术与仪器、通信工程、电子科学与技术、电子信息工程、计算机应用等电类专业及机械、建筑等非电类专业的一门重要的专业基础课，它所涉及的内容包括数字电路概念，数制及其转换，码制及常用编码，二进制数的算术运算，逻辑运算，逻辑函数的表示方法及其转换，半导体器件的开关特性，分立元件门电路，TTL 门电路，CMOS 门电路，触发器的电路结构及动作特点，触发器的逻辑功能及描述，门电路构成的一般组合逻辑电路分析方法，门电路构成的一般组合逻辑电路设计方法，常用的集成组合逻辑电路及应用，组合逻辑电路中的竞争-冒险，触发器和门电路构成的一般时序逻辑电路分析方法，常用时序逻辑电路及应用，时序逻辑电路的设计方法，施密特触发器的特点及电路，单稳态触发器的特点及电路，多谐振荡器的特点及电路，半导体存储器结构、分类、容量计算及扩展，数/模转换器及模/数转换器的结构、主要性能指标、典型集成芯片及应用。

　　本书是专门为应用型电类本科专业的《数字电子技术实用教程》配套编写的学习指导及习题解答。该书对原教材每章的重点内容进行了小结，对重要的分析及设计方法进行了归纳总结，针对教学内容编排了大量的练习题，题型包括选择题、填空题、判断题、简答题、画图题、计算题、分析题、设计题等，并对所有习题给出了详细的解答。这有利于学生的学习效果检测，也为广大教师建设试题试卷库提供了丰富的素材。

　　全书内容共分 7 章，分别是数字逻辑基础、门电路与触发器、组合逻辑电路、时序逻辑电路、脉冲波形的产生与变换、半导体存储器、数/模和模/数转换电路。

　　本书可作为高等院校电气工程及自动化、自动化、轨道交通信号与控制、测控技术与仪器、通信工程、电子科学与技术、电子信息工程、计算机应用等电类专业的数字电子技术课外学习教材，电类学生数字电子技术课程考研参考用书。

　　本书由江苏师范大学张彩荣任主编并编写了第 1 章、第 2 章、第 3 章、第 4 章内容及相应的习题解答，中国矿业大学徐海学院刘建华任副主编并编写了第 5 章内容及相应的习题解答，江苏师范大学刘丽君编写了第 6 章内容及相应的习题解答，江苏师范大学李桂林编写了第 7 章内容及相应的习题解答，闽南理工学院于雷也参与了本书编写。

　　由于时间仓促，作者水平有限，书中有错误的地方，敬请读者批评指正。在本书的编写过程中，许多同行给予了很多帮助、指导，并提出了宝贵的修改意见，在此一并致以诚挚的谢意！

编　者

目　　录

第 1 章

数字逻辑基础

1.1　内　容　总　结

1. 数字电路的基本概念

（1）数字信号：时间和数值都是离散的电信号，用高电平表示"1"，用低电平表示"0"。数字信号主要有两种用途，一是可以表示量的大小或多少，二是表示不同的事物，即对不同的事物进行编码区分。

（2）数字电路：用于存储、传递、处理数字信号的电子电路。数字电路的特点是半导体器件工作在开关状态，它主要研究输入输出变量的逻辑关系。

2. 常用数制及其转换

（1）常用数制：十进制、二进制、十六进制、八进制。

（2）数制转换。

① 任意进制→十进制：将任意进制数按表达式 $(N)_R = \sum\limits_{i=-m}^{n-1} K_i R^i$ 进行权位展开并相加，得到十进制数。

② 十进制→二进制：整数部分、小数部分分别进行转换。

整数转换方法：不断除 2 取余，直到余数为 0，先得到余数为低位，最后非零余数为最高位。

小数转换方法：不断乘 2 取整，直到位数满足精度要求，先得到整数为高位，后得到整数为低位。

③ 二进制→十六（八）进制：以小数点为界限，左右分别每 4（3）位一组，用 1 位十六（八）进制数表示。

④ 十六（八）进制→二进制：小数点位置不动，每 1 位十六（八）进制数用 4（3）位二进制数表示。

⑤ 十进制→十六（八）进制：将十进制数先转换为二进制数，再快速转换为十六（八）进制数。

还可以用科学计算器进行数制转换计算。

3. 码制及常用编码

（1）码制：将不同事物用 0 和 1 组成的代码表示，编制代码时的规则称为码制。

（2）常用编码：8421BCD 码、余 3 码、循环码（格雷码）、奇偶校验码。

4. 二进制数的算术运算

二进制数的算术运算指二进制数的加、减、乘、除运算，规则与十进制相同。有符号数运算时，加减法用补码，乘除法用原码。

5. 二进制数的逻辑运算

（1）基本逻辑运算：与、或、非，可以用运算符号、逻辑符号、逻辑式表示。

（2）复合逻辑运算：与非、或非、与或非、异或、同或，每种运算也有三种表达方式。

6. 逻辑运算公式

加对乘的分配公式：$A + BC = (A + B)(A + C)$

德·摩根定理：$\overline{AB} = \overline{A} + \overline{B}$、$\overline{A + B} = \overline{A}\,\overline{B}$

吸收公式：$A + AB = A$

消因子公式：$A + \overline{A}B = A + B$

并项公式：$A\overline{B} + AB = A$

消多余项公式：$AB + \overline{A}C + BCD = AB + \overline{A}C$

7. 逻辑运算定理

（1）对偶定理：如果两个逻辑表达式相等，则它们的对偶式也一定相等。

对偶式 L'：将逻辑表达式 L 中，$+ \to \cdot$，$\cdot \to +$；$1 \to 0$，$0 \to 1$；$L \to L'$。

（2）反演定理：将逻辑表达式 L 中，$+ \to \cdot$，$\cdot \to +$；$1 \to 0$，$0 \to 1$；$A \to \overline{A}$，$\overline{A} \to A$；$L \to \overline{L}$。

8. 逻辑函数表示方法及其相互转换

（1）逻辑函数表示方法：逻辑表达式（包括与或式、最小项表达式等），真值表，卡诺图，逻辑图，波形图。

（2）相互转换：逻辑表达式是中心，各种方法可以与逻辑表达式进行相互转换。

9. 逻辑函数化简

（1）公式法：用基本公式和常用公式将逻辑函数化简为最简与或式。

（2）卡诺图法：将逻辑函数用卡诺图表示，然后进行合并。合并的原则是画最大圈、最少圈、所有 1 都要圈到。每个圈合并为一个乘积项，将所有乘积项相加就是最简结果。

本章重点：数制及其转换、逻辑函数运算及化简。

1.2 习   题

1. 选择题（单选或多选）

（1）数字信号和模拟信号的不同之处是_____。

    A. 数字信号在大小上不连续，而模拟信号则相反

    B. 数字信号在大小上连续，时间上不连续，而模拟信号则相反

    C. 数字信号在大小和时间上均不连续，而模拟信号则相反

    D. 数字信号在大小和时间上均连续，而模拟信号则相反

（2）与模拟电路相比，数字电路主要的优点有_____。

　　A. 容易设计　　　　B. 通用性强　　　　C. 保密性好　　　　D. 抗干扰能力强

（3）表示任意两位十进制数，需要_____位二进制数表示。

　　A. 6　　　　　　　B. 7　　　　　　　C. 8　　　　　　　D. 9

（4）一位十六进制数用_____位二进制数来表示。

　　A. 1　　　　　　　B. 2　　　　　　　C. 16　　　　　　D. 4

（5）二进制数 11001010 转换为十进制数的结果是_____。

　　A. 202　　　　　　B. 201　　　　　　C. 102　　　　　　D. 101

（6）二进制数 1100101 转换为八进制数的结果是_____。

　　A. 244　　　　　　B. 145　　　　　　C. 142　　　　　　D. 124

（7）八进制数 47.3 等值的数为_____。

　　A. $(100111.011)_2$　　　　　　　　　B. $(27.6)_{16}$

　　C. $(27.3)_{16}$　　　　　　　　　　　D. $(100111.11)_2$

（8）8 位的存储单元中，能够存储的最大无符号整数是_____。

　　A. $(256)_{10}$　　　　B. $(127)_{10}$　　　　C. $(FF)_{16}$　　　　D. $(255)_{10}$

（9）十进制数 86 等于十六进制数_____。

　　A. 46H　　　　　　B. 68H　　　　　　C. 56H　　　　　　D. 5CH

（10）下列几种说法中与 BCD 码不符的是_____。

　　A. 一组四位二进制数组成的码只能表示一位十进制数

　　B. BCD 码是一种人为选定的 0～9 十个数字的代码

　　C. BCD 码是一组四位二进制数，能表示十六以内的任何一个十进制数

　　D. BCD 码有多种

（11）常用的 BCD 码有_____。

　　A. 奇偶校验码　　B. 格雷码　　　　C. 8421 码　　　　D. 余三码

（12）下列编码中，是 8421BCD 码的是_____。

　　A. 1010　　　　　B. 0101　　　　　C. 1100　　　　　D. 1101

（13）下列编码中，是 8421BCD 码的是_____。

　　A. 1110　　　　　B. 0111　　　　　C. 1011　　　　　D. 0100

（14）下列编码中，不是 8421BCD 码的是_____。

　　A. 1111　　　　　B. 1010　　　　　C. 1001　　　　　D. 0110

（15）十进制数 25 用 8421BCD 码表示为_____。

　　A. 10101　　　　　B. 00100101　　　C. 100101　　　　D. 10101

（16）与十进制数 $(53.5)_{10}$ 等值的数或代码为_____。

　　A. $(01010011.0101)_{8421BCD}$　　　　B. $(35.8)_{16}$

　　C. $(110101.1)_2$　　　　　　　　　　D. $(65.4)_8$

（17）以下代码中为无权码的是_____。

　　A. 8421BCD 码　　　　　　　　　　　B. 5421BCD 码

　　C. 余三码　　　　　　　　　　　　　D. 格雷码

（18）下列编码中，不属于可靠性编码的是_____。

　　A. BCD 码　　　　B. 奇偶校验码　　C. 格雷码　　　　D. 汉明码

（19）逻辑变量的取值 1 和 0 可以表示_____。

　　A. 电流的有、无　　　　　　　　　B. 电位的高、低

　　C. 开关的闭合、断开　　　　　　　D. 真与假

（20）以下表达式中符合逻辑运算法则的是_____。

　　A. $C \cdot C = C^2$　　　B. $1+1=10$　　　C. $0<1$　　　D. $A+1=1$

（21）当逻辑函数有 n 个变量时，共有_____个变量取值组合。

　　A. n　　　　　　B. $2n$　　　　　　C. n^2　　　　　　D. 2^n

（22）在何种输入情况下，_____"与非"运算的结果是逻辑 0。

　　A. 全部输入是 1　　　　　　　　　B. 仅一输入是 0

　　C. 全部输入是 0　　　　　　　　　D. 任一输入是 0

（23）一个四输入端与非门，使其输出为 0 的输入变量组合有_____种。

　　A. 15　　　　　　B. 8　　　　　　C. 7　　　　　　D. 1

（24）一个四输入端与非门，使其输出为 1 的输入变量组合有_____种。

　　A. 15　　　　　　B. 8　　　　　　C. 7　　　　　　D. 1

（25）一个四输入端或非门，使其输出为 0 的输入变量组合有_____种。

　　A. 15　　　　　　B. 8　　　　　　C. 7　　　　　　D. 1

（26）一个四输入端或非门，使其输出为 1 的输入变量组合有_____种。

　　A. 15　　　　　　B. 8　　　　　　C. 7　　　　　　D. 1

（27）一个班级中有四个班委委员，如果要开班委会，必须这四个班委委员全部同意才能召开，其逻辑关系属于_____逻辑。

　　A. 与　　　　　　B. 或　　　　　　C. 非　　　　　　D. 异或

（28）以下说法中，_____是正确的。

　　A. 一个逻辑函数全部最小项之和恒等于 0

　　B. 一个逻辑函数全部最小项之和恒等于 1

　　C. 一个逻辑函数全部最小项之积恒等于 1

　　D. 一个逻辑函数全部最小项之积恒等于 0

（29）以下说法中，_____是正确的。

　　A. 一个逻辑函数任意两个不同最小项之和恒等于 0

　　B. 一个逻辑函数任意两个不同最小项之和恒等于 1

　　C. 一个逻辑函数任意两个不同最小项之积恒等于 0

　　D. 一个逻辑函数任意两个不同最小项之积恒等于 1

（30）下列各式中_____是四变量 A、B、C、D 的最小项。

　　A. $\bar{A}BC\bar{D}$　　　B. $A+B+C+D$　　　C. ACD　　　D. $AC+BD$

（31）下列逻辑函数 $L=F(A, B, C)$ 中，是最小项表达式形式的是_____。

　　A. $L=A+BC$　　　　　　　　　　B. $L=ABC+AC$

　　C. $L=A\bar{B} \cdot \bar{C} + A\bar{B}C$　　　　　　D. $L=\overline{\bar{A} \cdot \bar{B}C} + \bar{A}BC$

（32）下列表达式中，关于两变量 A、B 逻辑函数 $L=\sum(m_1, m_3)$ 的正确表达式是_____。

　　A. $L=A$　　　　　B. $L=AB$　　　　　C. $L=\bar{A}B+AB$　　　　　D. $L=A+B$

（33）n 个逻辑变量可构成_____个最小项。

　　A. n　　　　　　B. $2n$　　　　　　C. 2^n　　　　　　D. 2^n-1

（34）求一个逻辑函数 L 的对偶式，可将 L 中的_____。

 A. 变量不变 B. 原变量换成反变量，反变量换成原变量

 C. 常数中"0"换成"1"，"1"换成"0"

 D. "·"换成"+"，"+"换成"·"

 E. 常数不变

（35）若已知 $XY+YZ+\overline{Y}Z=XY+Z$，判断等式 $(X+Y)(Y+Z)(\overline{Y}+Z)=(X+Y)Z$ 成立的最简单方法是依据_____。

 A. 代入规则 B. 对偶规则 C. 反演规则 D. 互补规则

（36）逻辑函数 $L=AB+\overline{C}+D$ 的对偶式 L' 为_____。

 A. $(A+B)\cdot CD$ B. $\overline{A+B\cdot\overline{CD}}$

 C. $\overline{(A+B)\cdot\overline{CD}}$ D. $\overline{(\overline{A}+\overline{B})\cdot\overline{C}\,\overline{D}}$

（37）逻辑逻辑函数 $L=\overline{A}+B+\overline{C}$ 的对偶式 L' 为_____。

 A. $\overline{A\cdot B\cdot\overline{C}}$ B. $\overline{A}+\overline{B}+C$ C. $\overline{A\cdot\overline{B}\cdot C}$ D. $\overline{A}\cdot\overline{B}\cdot\overline{C}$

（38）逻辑函数 $L=(A+\overline{B})\cdot(C+\overline{D})$ 的对偶式 L' 为_____。

 A. $A\overline{B}+C\overline{D}$ B. $\overline{A}\overline{B}+\overline{C}\overline{D}$ C. $\overline{A}B+\overline{C}D$ D. $\overline{A}B+\overline{C}D$

（39）逻辑函数 $L=AB+C$ 的对偶式 L' 为_____。

 A. $A+BC$ B. $(A+B)C$ C. $A+B+C$ D. ABC

（40）逻辑函数 $L=\overline{A}(B+\overline{C}\cdot\overline{DE})$ 的反函数 $\overline{L}=$ _____。

 A. $A(\overline{B}+\overline{C}\cdot\overline{DE})$ B. $A+\overline{B}\cdot(C+\overline{D}+E)$

 C. $A+\overline{B}\cdot(C+\overline{D}+E)$ D. $A+\overline{B}\cdot C+\overline{D}+E$

（41）逻辑函数 $L=\overline{\overline{A}\cdot\overline{B}}+CD$ 的反函数 $\overline{L}=$ _____。

 A. $\overline{AB+\overline{C}\,\overline{D}}$ B. $\overline{(A+B)\cdot(\overline{C}+\overline{D})}$

 C. $(A+B)(\overline{C}+\overline{D})$ D. $\overline{A+B\cdot\overline{C}+\overline{D}}$

（42）逻辑函数 $L=AB+B\overline{C}$ 的反函数 $\overline{L}=$ _____。

 A. $(\overline{A}+\overline{B})(\overline{B}+C)$ B. $(A+B)(B+\overline{C})$

 C. $\overline{A}+\overline{B}+C$ D. $\overline{A}\,\overline{B}+\overline{BC}$

（43）已知 $L=\overline{ABC+CD}$，_____可以肯定使 $L=0$ 成立。

 A. $A=0$，$BC=1$ B. $B=1$，$C=1$

 C. $C=1$，$D=0$ D. $BC=1$，$D=1$

（44）连续同或 199 个逻辑"0"的结果是_____。

 A. 0 B. 1 C. 不唯一 D. 没意义

（45）连续异或 1 985 个逻辑"1"的结果是_____。

 A. 1 B. 0 C. 0 或 1 D. 题意不清

（46）如图 1.1 所示电路中，当 $A=1$ 时，L 为_____。

图 1.1

A. A B. B C. $\overline{A}$ D. $\overline{B}$

（47）逻辑函数 $A + BC =$ _____ 。

     A. $A + B$ B. $A + C$

     C. $(A + B)(A + C)$ D. $B + C$

（48）逻辑函数 $L = A\overline{B} + BD + CDE + \overline{A}D =$ _____ 。

     A. $A\overline{B} + D$ B. $(A + \overline{B})D$

     C. $(A + D)(\overline{B} + D)$ D. $(A + D)(B + \overline{D})$

（49）逻辑函数 $L = A \oplus (A \oplus B) =$ _____ 。

     A. B B. A C. $A \oplus B$ D. $\overline{A \oplus B}$

（50）已知逻辑函数 $L = AB + \overline{A}C + \overline{B}C$，与其相等的函数为_____ 。

     A. AB B. $AB + \overline{A}C$ C. $AB + \overline{B}C$ D. $AB + C$

（51）逻辑函数的表示方法中具有唯一性的是_____ 。

     A. 真值表   B. 表达式   C. 逻辑图   D. 卡诺图

（52）在函数 $L(A, B, C, D) = AB + CD$ 的真值表中，$L = 1$ 的状态有_____ 个。

     A. 2   B. 4   C. 6   D. 7

（53）以 $ABCL$ 形式列真值表，$L = AB + C$ 的真值表中 $L = 1$ 的状态数有 5 个，如果改变真值表中的排列顺序，例如以 $BCAL$ 或 $CBAL$ 等形式分别重新排列，则在这些重新排列的真值表中，$L = 1$ 的状态数_____ 。

     A. 不变，还是等于 5   B. 大于 5

     C. 小于 5   D. 有的大于 5，有的小于 5

（54）已知某电路的真值表如表 1.1 所示，该电路的逻辑表达式是_____ 。

表 1.1

A	B	C	L	A	B	C	L
0	0	0	0	1	0	0	0
0	0	1	1	1	0	1	1
0	1	0	0	1	1	0	1
0	1	1	1	1	1	1	1

     A. $L = C$ B. $L = ABC$ C. $L = AB + C$ D. $L = B\overline{C} + C$

（55）已知三输入与非门 $L = \overline{X_1 X_2 X_3}$，在 X_1、X_2、X_3 波形如图 1.2 所示情况下，其输出波形为_____ 。

（56）已知二变量输入逻辑门的输入 A、B 和输出 L 的波形如图 1.3 所示，这是_____ 的波形。

     A. 与非门   B. 或非门   C. 与门   D. 同或门

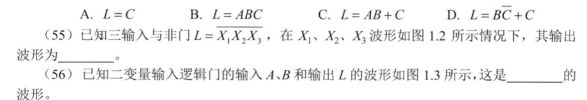

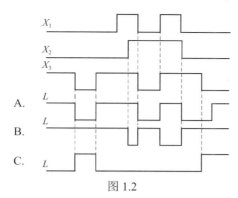

图 1.2

（57）已知二变量输入逻辑门的输入 A、B 和输出 L 的波形如图 1.4 所示，这是_____的波形。

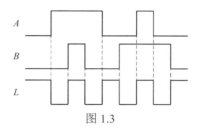

图 1.3

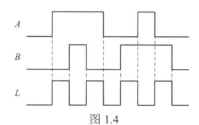

图 1.4

    A. 或非门   B. 同或门   C. 异或门   D. 与非门

（58）在四变量卡诺图中，逻辑上不相邻的一组最小项为_____。

    A. m_1 与 m_3 B. m_4 与 m_6 C. m_5 与 m_{13} D. m_2 与 m_8

（59）在四变量卡诺图中，逻辑上不相邻的一组最小项为_____。

    A. m_2 与 m_4 B. m_5 与 m_7 C. m_9 与 m_{13} D. m_2 与 m_{14}

（60）函数 $L = AB + BC$，使 $L = 1$ 的输入 ABC 组合为_____。

    A. $ABC = 000$ B. $ABC = 011$ C. $ABC = 101$ D. $ABC = 110$

（61）函数 $L = AB + BC$，使 $L = 0$ 的输入 ABC 组合为_____。

    A. $ABC = 000$ B. $ABC = 011$ C. $ABC = 101$ D. $ABC = 010$

2. 填空题

（1）数字信号有_____和_____两种形式。

（2）数字信号的特点是在_____上和_____上都是断续变化的，其高电平和低电平常用_____和_____来表示。

（3）分析数字电路的主要工具是_____，数字电路又称作_____。

（4）正逻辑用_____表示高电平，用_____表示低电平。

（5）在数字电路中，常用的计数制除十进制外，还有_____、_____、_____。

（6）$(1001010)_2 = ($_____$)_{10}$。

（7）$(111001)_2 = ($_____$)_{10}$。

（8）$(110.011)_2 = ($_____$)_{10}$。

（9）$(1111.1111)_2 = ($_____$)_{10}$。

（10）$(1001.0101)_2 = ($ _____ $)_{10}$。

（11）十进制数 67.5 的等值二进制数为（ _____ $)_2$。

（12）八进制数 34.2 的等值二进制数为（ _____ $)_2$。

（13）$(10110010.1011)_2 = ($ _____ $)_8 = ($ _____ $)_{16}$。

（14）$(1001.1101)_2 = ($ _____ $)_8 = ($ _____ $)_{16}$。

（15）$(1110.0111)_2 = ($ _____ $)_8 = ($ _____ $)_{16}$。

（16）$(101100.110011)_2 = ($ _____ $)_8 = ($ _____ $)_{16}$。

（17）$(11011.01011)_2 = ($ _____ $)_{16} = ($ _____ $)_{10}$。

（18）$(11.0011001)_2 = ($ _____ $)_{16} = ($ _____ $)_{10}$。

（19）$(58A)_{16} = ($ _____ $)_2 = ($ _____ $)_{10}$。

（20）$(110111.01)_2 = ($ _____ $)_{10} = ($ _____ $)_{16}$。

（21）$(11.001)_2 = ($ _____ $)_{16} = ($ _____ $)_{10}$。

（22）$(CE)_{16} = ($ _____ $)_2 = ($ _____ $)_{10}$。

（23）$(3D.B)_{16} = ($ _____ $)_2 = ($ _____ $)_{10}$。

（24）$(8F.F8)_{16} = ($ _____ $)_2 = ($ _____ $)_{10}$。

（25）$(8E.E)_{16} = ($ _____ $)_2 = ($ _____ $)_{10}$。

（26）$(54)_{10} = ($ _____ $)_2$。

（27）$(39.75)_{10} = ($ _____ $)_2 = ($ _____ $)_8 = ($ _____ $)_{16}$。

（28）$(47)_{10} = ($ _____ $)_2$。

（29）$(31.5)_{10} = ($ _____ $)_2 = ($ _____ $)_{16}$。

（30）$(25.7)_{10} = ($ _____ $)_2 = ($ _____ $)_8 = ($ _____ $)_{16}$。

（31）$(107.39)_{10} = ($ _____ $)_2 = ($ _____ $)_8 = ($ _____ $)_{16}$。

（32）$(174.06)_{10} = ($ _____ $)_2 = ($ _____ $)_{16}$。

（33）$(30.25)_{10} = ($ _____ $)_2 = ($ _____ $)_{16}$

（34）$(26.5)_{10} = ($ _____ $)_2 = ($ _____ $)_{16}$。

（35）$(18)_{10} = ($ _____ $)_2 = ($ _____ $)_{16}$。

（36）$(29.3)_D$ 转换为二进制数为（ _____ $)_2$。

（37）十进制数 29.93 转换为二进制数为（ _____ $)_2$。

（38）常用的 BCD 码有 _____ 、 _____ 、 _____ 、 _____ 等。常用的可靠性代码有 _____ 、 _____ 等。

（39）十进制数 16.89 用 8421BCD 码表示为（ _____ $)_{8421BCD}$。

（40）$(10000011)_{8421BCD} = ($ _____ $)_D$。

（41）十进制数 56 的 8421BCD 码为 （ _____ $)_{8421BCD}$。

（42）十进制数 98 的 8421BCD 码为 （ _____ $)_{8421BCD}$。

（43）$(01111000)_{8421BCD} = ($ _____ $)_2 = ($ _____ $)_8 = ($ _____ $)_{10} = ($ _____ $)_{16}$。

（44）$(35.4)_8 = ($ _____ $)_2 = ($ _____ $)_{10} = ($ _____ $)_{16} = ($ _____ $)_{8421BCD}$。

（45）$(5E.C)_{16} = ($ _____ $)_2 = ($ _____ $)_8 = ($ _____ $)_{10} = ($ _____ $)_{8421BCD}$。

（46）有一数码 10010011，作为自然二进制数时，它相当于十进制数 _____ ；作为 8421BCD 码时，它相当于十进制数 _____ 。

（47）$N = +1011\text{B}$，$(N)_{原码} = $ _____，$(N)_{反码} = $ _____，$(N)_{补码} = $ _____。

（48）$N = -101010\text{B}$，$(N)_{原码} = $ _____，$(N)_{反码} = $ _____，$(N)_{补码} = $ _____。

（49）用八位数表示的十进制数 -9 的补码为（_____）。

（50）用六位数表示的十进制数 -9 的补码为（_____）。

（51）逻辑代数有_____、_____、_____三种基本运算。

（52）$A \odot 1 = $ _____。

（53）$A \odot A = $ _____。

（54）$A \& 1 = $ _____。

（55）$A \oplus 1 = $ _____。

（56）逻辑代数中与普通代数相似的定律有_____、_____。

（57）逻辑代数的三个重要定理是_____、_____、_____。

（58）已知函数的对偶式为 $\overline{\overline{AB}} + \overline{\overline{CD}} + BC$，则它的原函数为_____。

（59）逻辑函数 $L = AB + \overline{A}\,\overline{B}$ 的反函数 $\overline{L} = $ _____，对偶函数 $L' = $ _____。

（60）添加项公式 $AB + \overline{A}C + BC = AB + \overline{A}C$ 的对偶式为_____。

（61）化简逻辑函数 $L = \overline{A}\,\overline{B}\,\overline{C}\,\overline{D} + A + B + C + D = $ _____。

（62）化简逻辑函数 $L = \overline{\overline{AB} + \overline{A}\overline{B} + \overline{A}\,\overline{B} + AB} = $ _____。

（63）已知某逻辑函数 $L = (\overline{B} + \overline{A + C\overline{D}})(AB + \overline{C\overline{D}})$，该函数的反函数 $\overline{L} = $ _____。

（64）常用逻辑门电路的真值表如表 1.2 所示，则 L_1 属于_____逻辑门，L_2 属于_____逻辑门，L_3 属于_____逻辑门。

表 1.2

A	B	L_1	L_2	L_3
0	0	1	1	0
0	1	0	1	1
1	0	0	1	1
1	1	1	0	1

（65）A、B、C 三个变量最多可组成_____个最小项，其中 $m_7 = $ _____。

（66）某逻辑函数的真值表如表 1.3 所示，其最小项表达式为 $L(A, B, C) = $ _____，最简与或式为 $L = $ _____。

表 1.3

A	B	C	L	A	B	C	L
0	0	0	0	1	0	0	1
0	0	1	0	1	0	1	1
0	1	0	0	1	1	0	×
0	1	1	1	1	1	1	×

3. 判断题

（1）在时间和幅度上都断续变化的信号是数字信号，语音信号不是数字信号。（　　）

（2）正弦信号是一个脉冲信号，矩形脉冲信号是一个数字信号，它们之间的根本区别是信号的幅值大小不同。（　　）

（3）数字集成电路有这样一些特点：电路工作在小信号状态，电路工作电压和工作电流比较小，功耗较小，所以数字集成电路一般情况下没有散热片。（　　）

（4）数字电路的优点有抗干扰能力强、电路工作的可靠性高。其缺点是数字电路的通用性比较差。（　　）

（5）在模拟电路中没有能够记忆信号的电路，而在数字电路中的信息可以存放在有关的具有记忆功能的电路中，并且在数字电路工作过程中随时可以读取这些存放的信息，这一点数字电路与模拟电路有着很大的不同。

（　　）

（6）数字集成电路与模拟集成电路从引脚排列、封装形式上就能看出它们的不同。数字集成电路内电路是数字电路，模拟集成电路内电路是模拟电路，它们所放大、处理的信号是不同的，两种集成电路之间不能互换使用。（　　）

（7）二进制码的传输有两种方式：一是并行传输，二是串行传输，前者传输速度较快，但需要有相应多的传输线路。后者传输速度较慢，但只需要一条传输线路即可，这两种传输方式通过有关电路转换后可以转换。（　　）

（8）数字电路中用"1"和"0"分别表示两种状态，二者无大小之分。（　　）

（9）在十进制数中只有0～9十个不同的数字，而在二进制中只有0、1两个数字，但是它们都能表示出许许多多的数字。用二进制数也能表示出十进制数字，例如二进制数中的1111就是十进制数中的15，而十进制中的9可以用二进制数中的1001表示。（　　）

（10）一个3位的数码最大只能表示十进制数中的7，如果要表示十进制数中的13必须使用4位数码，但是若使用6位数码时就无法表示十进制中的13，这是因为6位数只能用来表示64以上的数字。（　　）

（11）二进制数字0111是一个3位数码，因为MSB位中的0没有意义，如果是1110就是一个4位数码，在这一数码中的0是LSB位。字是二进制数的基本单位，国际上统一将8位二进制数定义为一个字节，而4位称为半字节。在习惯上，把$2^{10}=1\,024$个字节称为1 K字节。（　　）

（12）10位二进制数能表示的最大十进制数为1 024。（　　）

（13）十进制数$(9)_{10}$比十六进制数$(9)_{16}$小。（　　）

（14）八进制数$(25)_8$比十进制数$(18)_{10}$小。（　　）

（15）8421BCD码1001比1001大。（　　）

（16）十进制数86的余3码为10001001。（　　）

（17）在8421BCD码中，若表示十进制数中的25就应该是2用0010表示，5用0101表示，这样就是0010 0101，如果是一个三位数也是用同样的方法表示。（　　）

（18）格雷码具有任何相邻码只有一位码元不同的特性。（　　）

（19）当传送十进制数5时，在8421奇校验码的校验位上值应为1。（　　）

（20）当 8421 奇校验码在传送十进制数 8 时，在校验位上出现了 1，表明在传送过程中出现了错误。　　　　　　　　　　　　　　　　　　　　　　　　　　　　　（　　）

（21）判奇、判偶电路的输入端有多个，具体输入端数量视具体电路而定，但是这种电路的输出端只有一个。　　　　　　　　　　　　　　　　　　　　　　　　　　　（　　）

（22）当判奇电路输出端为 1 时，说明输入信号中高电平 1 的数目为奇数。　（　　）

（23）当判偶电路输出端为 0 时，说明输入信号中高电平 1 的数目为偶数。　（　　）

（24）异或运算和同或运算都可以判断 1 的奇偶性。　　　　　　　　　　　（　　）

（25）数字电路中的运算包括算术运算和逻辑运算。　　　　　　　　　　　（　　）

（26）逻辑代数中，若 $A \cdot B = A + B$，则有 $A = B$。　　　　　　　　　　　（　　）

（27）若两个函数具有不同的真值表，则两个逻辑函数必然不相等。　　　　（　　）

（28）若两个函数具有相同的真值表，则两个逻辑函数必然相等。　　　　　（　　）

（29）若两个函数具有不同的逻辑函数式，则两个逻辑函数必然不相等。　　（　　）

（30）同或运算关系，当两输入不相等时，其输出为 1。　　　　　　　　　（　　）

（31）异或函数与同或函数在逻辑上互为反函数。　　　　　　　　　　　　（　　）

（32）连续异或 9 999 个"1"的结果是"1"。　　　　　　　　　　　　　　　（　　）

（33）异或门电路只有两个输入端，一个输出端，输出端与输入端之间的逻辑关系是这样的：当一个输入端为 1，另一个为 0 时，输出端为 1；当两个输入端都是 1 时，输出端为 0；当两个输入端都是 0 时，输出端为 1。　　　　　　　　　　　　　　　　　　（　　）

（34）对逻辑函数 $L = A\overline{B} + \overline{A}B + \overline{B}C + B\overline{C}$，利用代入规则，令 $A = BC$ 代入，得 $L = BC\overline{B} + \overline{BC}B + \overline{B}C + B\overline{C} = \overline{B}C + B\overline{C}$ 成立。　　　　　　　　　　　　　　　　（　　）

（35）逻辑函数 $L_1 = A\overline{C} + \overline{B}C + AB$ 和 $L_2 = \overline{AC} + \overline{B}C + \overline{A}\,\overline{B}$ 互为反函数。　（　　）

（36）因为逻辑表达式 $A + B + AB = A + B$ 成立，所以 $AB = 0$ 成立。　　　（　　）

（37）逻辑函数两次求反则还原，逻辑函数的对偶式再做对偶变换也还原为它本身。

　　　　　　　　　　　　　　　　　　　　　　　　　　　　　　　　　　（　　）

（38）逻辑函数 $L = A\overline{B} + \overline{A}B + \overline{B}C + B\overline{C}$ 已是最简与或表达式。　　（　　）

（39）因为逻辑表达式 $A\overline{B} + \overline{A}B + AB = A + B + AB$ 成立，所以 $A\overline{B} + \overline{A}B = A + B$ 成立。

　　　　　　　　　　　　　　　　　　　　　　　　　　　　　　　　　　（　　）

（40）因为逻辑式 $A + AB = A$，所以 $B = 1$；又因为 $A + AB = A$，若两边同时减 A，则得 $AB = 0$。　　　　　　　　　　　　　　　　　　　　　　　　　　　　　（　　）

（41）最小项是指乘积项中变量个数尽可能地少。　　　　　　　　　　　　（　　）

4. 简答题

（1）在数字系统中为什么要采用二进制？

（2）格雷码的特点是什么？为什么说它是可靠性代码？

（3）奇偶校验码的特点是什么？为什么说它是可靠性代码？

5. 分析题

（1）逻辑图如图 1.5 所示，写出逻辑图中 L 的逻辑函数式，并化简为最简与或式。

（2）逻辑图如图 1.6 所示，写出逻辑图中 L_1、L_2 的逻辑函数式，并化简为最简与或式。

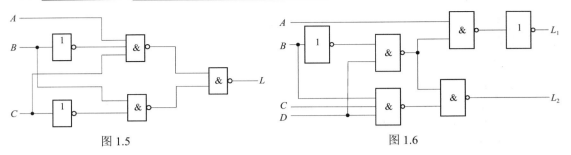

图 1.5   图 1.6

（3）已知逻辑函数的真值表分别如表 1.4、表 1.5 所示，写出对应的逻辑函数式，并化简为最简与或式。

表 1.4

A	B	C	L
0	0	0	0
0	0	1	1
0	1	0	1
0	1	1	0
1	0	0	1
1	0	1	0
1	1	0	0
1	1	1	0

表 1.5

M	N	P	Q	L
0	0	0	0	0
0	0	0	1	0
0	0	1	0	0
0	0	1	1	1
0	1	0	0	0
0	1	0	1	0
0	1	1	0	1
0	1	1	1	1
1	0	0	0	0
1	0	0	1	0
1	0	1	0	0
1	0	1	1	1
1	1	0	0	1
1	1	0	1	1
1	1	1	0	1
1	1	1	1	1

6. 已知逻辑函数表达式，用公式法将函数化简为最简与或表达式

（1） $L = A\overline{C} + ABC + AC\overline{D} + CD$ 。

（2） $L = \overline{A}\,\overline{B}\,\overline{C} + \overline{A}\,BC + \overline{A}BC + A\overline{B}\,\overline{C}$ 。

（3） $L = A\overline{B}CD + ABD + A\overline{C}D$ 。

（4） $L = A\overline{C} + ABC + AC\overline{D} + CD$ 。

（5） $L = A + \overline{(B + \overline{C})}(A + \overline{B} + C)(A + B + C)$ 。

（6） $L = B\overline{C} + AB\overline{C}E + \overline{B}(\overline{\overline{\overline{A}\,\overline{D} + AD}}) + B(\overline{A}D + A\overline{D})$ 。

（7） $L = A\overline{B}C + \overline{A} + B + \overline{C}$ 。

（8） $L = (\overline{A} + B)[(\overline{A}CD + \overline{AD + \overline{B}\,\overline{C}})\overline{AB}]$ 。

（9） $L = AB + A\overline{C} + \overline{B}C + B\overline{C} + \overline{B}D + B\overline{D} + AD\overline{E}(F + \overline{G})$ 。

7. 将下列逻辑函数式化为最小项表达式

（1） $L(A,B,C,D) = A\overline{B}\,\overline{C}D + BCD + \overline{A}D$ 。

（2） $L(P,M,N) = P\overline{M} + M\overline{N} + N\overline{P}$ 。

8. 已知下列逻辑函数，用卡诺图法化简为最简与或逻辑式

（1） $L = ABC + ABD + A\overline{C}D + \overline{C}\,\overline{D} + \overline{A}\overline{B}C + \overline{A}C\overline{D}$ 。

（2） $L = A\overline{C} + \overline{A}C + B\overline{C} + \overline{B}C$ 。

（3） $L = A\overline{B}C + BC + \overline{A}B\overline{C}D$ 。

（4） $L = A\overline{B} + \overline{A}C + BC + \overline{C}D$ 。

（5） $L = \overline{A}\,\overline{B} + B\overline{C} + \overline{A} + \overline{B} + ABC$ 。

（6） $L = \overline{A}\,\overline{B} + AC + \overline{B}C$ 。

（7） $L = A\overline{B}\,\overline{C} + \overline{A}\,\overline{B} + \overline{A}D + C + BD$ 。

（8） $L(A,B,C) = \sum m(1,4,7)$ 。

（9） $L = A\overline{B} + \overline{A}C + \overline{C}\,\overline{D} + D$ 。

（10） $L(A,B,C,D) = \sum m(0,1,2,3,4,6,8,9,10,11,14)$ 。

（11） $L(A,B,C,D) = \sum m(0,1,2,5,8,9,10,12,14)$ 。

9. 已知下列逻辑函数包含无关项，用卡诺图表示逻辑函数并将其化简为最简与或逻辑式

（1） $L(A,B,C,D) = \sum m(3,4,5,10,11,12) + \sum d(0,1,2,13,14,15)$ 。

（2） $L(A,B,C,D) = \sum m(0,2,4,5,6,8,9) + \sum d(10,11,12,13,14,15)$ 。

（3） $L(A,B,C,D) = \sum m(2,3,7,8,11,14) + \sum d(0,5,10,15)$ 。

（4） $L(A,B,C,D) = \sum m(3,5,6,7,10) + \sum d(0,1,2,4,8)$ 。

（5） $L = \overline{A + C + D} + A\,\overline{B}CD + A\overline{B}\,\overline{C}D$ ，给定约束条件为： $AB + AC = 0$ 。

（6） $L = C\overline{D}(A \oplus B) + \overline{A}B\overline{C} + \overline{A}CD$ ，给定约束条件为： $AB + CD = 0$ 。

（7）$L = A\overline{B}\,\overline{C} + \overline{A}\,BC + ABC + \overline{A}\overline{B}C$，给定约束条件为：$\overline{A}\,\overline{B}\,\overline{C} + \overline{A}BC = 0$。

（8）$L = \overline{A}\,\overline{C}\,D + \overline{A}\,BC\overline{D} + A\overline{B}\,CD$，给定约束条件为：$AB\overline{C}\overline{D} + \overline{A}BCD + ABC\,\overline{D} + A\overline{B}CD + ABC\overline{D} + ABCD = 0$

（9）$L = (A\overline{B} + B)C\overline{D} + \overline{(A + B)(\overline{B} + C)}$，给定约束条件为：$ACD + BCD = 0$。

（10）$\begin{cases} L(A,B,C,D) = AB\overline{C} + AB\overline{D} + \overline{A}BC + AC\overline{D} \\ \overline{B}\,\overline{C} + \overline{B}CD = 0 \end{cases}$。

10. 逻辑函数变换综合题

（1）逻辑函数 $L = \overline{A}\,\overline{B} + AC + \overline{B}C$，要求：① 用最小项表达式表示；② 用卡诺图表示并用卡诺图法化简为最简与或式；③ 画出它的逻辑图。

（2）逻辑函数 $\begin{cases} L = A\overline{B} + \overline{A}\,\overline{B}C + \overline{A}B\overline{C} \\ BC = 0 \end{cases}$，要求：① 列出真值表；② 用卡诺图表示；③ 用卡诺图化简；④ 用最少门电路画出逻辑图。

第 2 章

门电路与触发器

2.1　内　容　总　结

1. 半导体器件的开关特性

（1）二极管：利用二极管的单向导电性，加正向电压时导通，相当于开关闭合；加反向电压时截止，相当于开关断开。开关状态受二极管两端电压控制。

（2）三极管：工作在截止区时，ce 之间相当于断开；工作在饱和区时，ce 之间相当于闭合。开关状态受电流 i_b 控制。

（3）MOS 管：工作在截止区时，DS 之间相当于断开；工作在可变电阻区时，DS 之间相当于闭合。开关状态受电压 v_{GS} 控制。

2. 分立元件构成的门电路

二极管与门、二极管或门、三极管非门的结构简单，但高低电平不一致，且会发生偏移。大规模集成电路中使用这种结构。

3. TTL 门电路

（1）TTL 非门。

① 电压传输特性：分为四段，阈值电压为 1.4 V。

② 输入特性：当输入为低电平时，输入电流方向是流出的，典型值约为 1 mA；当输入为高电平时，输入电流方向是流入的，典型值＜40 μA。

③ 输出特性：当输出为高电平时，输出电流方向是流出的，典型值为 400 μA；当输出为低电平时，输出电流方向是流入的，典型值为 16 mA。

④ 输入端负载特性：当输入端接地电阻 R_p＜0.91 kΩ时，输入端是低电平；当 R_p＞1.93 kΩ时，输入端是高电平。

⑤ 扇出系数：输出低电平扇出系数 $N_{OL} = n \leqslant \dfrac{I_{OL(max)}}{I_{IL}}$，输出高电平扇出系数 $N_{OH} = n' \leqslant \dfrac{I_{OH(max)}}{I_{IH}}$，扇出系数 $N = \min\{N_{OH},\ N_{OL}\}$。

（2）其他逻辑功能的 TTL 门电路：与非门、或非门、与或非门、异或门，其特性相同；注意计算扇出系数时，有的电流按门数计算，有的电流按端子数计算。

（3）集电极开路的 OC 门：输出端可以直接线与，但一定外接上拉电阻接电源。

（4）三态门（TS 门）：输入多了一个使能端，输出有高电平、低电平、高阻三种状态。输出端可以直接连在一起，但任意时刻只能有一个三态门使能端有效。

4. CMOS 门电路

（1）CMOS 非门。

① 电压传输特性：分为三段，阈值电压为 $\frac{1}{2}V_{DD}$。

② 输入特性：输入电流 $i_1 \approx 0$。

③ 输入端负载特性：由于输入电流 $i_1 \approx 0$，所以无论通过多大接地电阻，输入端都是低电平。

（2）其他逻辑功能的 CMOS 门电路：与非门、或非门、与或非门、异或门。实际输入、输出端加缓冲级。

（3）漏极开路的 OD 门：输出端可以直接线与，但一定外接上拉电阻接电源。

（4）三态门（TS 门）：与 TTL 三态门功能及应用相同。

（5）CMOS 传输门（TG 门）：等效为一个双向开关，可以传输数字量，也可以传输模拟量。

5. 触发器

（1）触发器按功能分为 SR 触发器、D 触发器、JK 触发器、T 触发器，它们的输入、输出关系不同。

① SR 触发器：$\begin{cases} Q^{n+1} = S + \overline{R}Q \\ SR = 0(约束条件) \end{cases}$，当 $SR = 10$、01、00 时，分别具有置 1、置 0、保持功能。

② D 触发器：$Q^{n+1} = D$，$D = 0$、1 时，分别具有置 0、置 1 功能。

③ JK 触发器：$Q^{n+1} = J\overline{Q} + \overline{K}Q$，当 $JK = 00$、01、10、11 时，分别具有保持、置 0、置 1、取反功能。

④ T 触发器：$Q^{n+1} = T\overline{Q} + \overline{T}Q$，$T = 0$、$1$ 时，分别具有保持、取反功能。

（2）触发器按结构分为基本触发器、同步触发器、主从触发器、边沿触发器，它们的动作特点不同。

① 基本触发器：在输入信号的全部作用时间里，都能直接改变输出端的状态。

② 同步触发器：当 $CP = 0$ 时，输出信号保持不变；在 $CP = 1$ 的全部时间里，输入信号的变化都将引起输出状态的变化。

③ 主从触发器：当 $CP = 1$ 时主触发器接收输入信号，从触发器不动；当 $CP = 0$ 时主触发器不动，从触发器翻转，一个时钟周期触发器输出最多只能变一次。

④ 边沿触发器：只有在 CP 有效边沿时刻，输出才可以变化。输出的状态只取决于有效边沿时刻输入信号的状态。

本章重点：TTL 及 CMOS 门电路的外特性，应用注意事项；触发器的逻辑功能及不同结构动作特点。

2.2　习　　题

1. 选择题（单选或多选）

（1）三极管作为开关使用时，要提高开关速度，可_____。

　　A. 降低饱和深度　　　　　　　　　　B. 增加饱和深度

　　C. 采用有源泄放回路　　　　　　　　D. 采用抗饱和三极管

（2）逻辑表达式 $L=AB$ 可以用_____实现。

　　A. 正或门　　　　　　B. 正非门　　　　　　C. 正与门　　　　　　D. 负或门

（3）要使 TTL 与非门工作在转折区，可使输入端对地外接电阻 R_____。

　　A. $>R_{ON}$　　　　　　　　　　　　B. $<R_{OFF}$

　　C. $R_{OFF}<R_1<R_{ON}$　　　　　　　D. $<0\ V$

（4）TTL 电路在正逻辑系统中，以下各种输入中_____相当于输入逻辑"1"。

　　A. 悬空　　　　　　　　　　　　　　B. 通过电阻 2.7 kΩ接电源

　　C. 通过电阻 510 Ω接地　　　　　　　D. 通过电阻 2.7 kΩ接地

（5）对于 TTL 与非门闲置输入端的处理，可以_____。

　　A. 接电源　　　　　　　　　　　　　B. 通过电阻 3 kΩ接电源

　　C. 与有用输入端并联　　　　　　　　D. 接地

（6）TTL 与门电路，不使用的端子不能接_____。

　　A. 高电平　　　　　　B. 低电平　　　　　　C. 悬空　　　　　　D. 变量管脚

（7）下列几种 TTL 电路中，输出端可实现"线与"功能的电路是_____。

　　A. 或非门　　　　　　B. OC 门　　　　　　C. 异或门　　　　　　D. 与非门

（8）下列几种 TTL 电路中，输出端可实现"线与"功能的电路是_____。

　　A. 三态门　　　　　　　　　　　　　B. 非门

　　C. 同或门　　　　　　　　　　　　　D. 集电极开路门

（9）若将一 TTL 异或门（输入端为 A、B）当作反相器使用，则 A、B 端应_____连接。

　　A. A 或 B 中有一个接 1　　　　　　B. A 或 B 中有一个接 0

　　C. A 和 B 并联使用　　　　　　　　D. 不能实现

（10）对 CMOS 与非门电路，其多余输入端正确的处理方法是_____。

　　A. 通过大电阻接地（>2 kΩ）　　　　B. 悬空

　　C. 通过小电阻接地（<1 kΩ）　　　　D. 通过电阻接 V_{CC}

（11）如图 2.1 所示 TTL 门电路中，电路的输出状态为_____。

　　A. 高电平　　　　　B. 低电平　　　　　C. 高阻　　　　　D. 不确定

（12）如图 2.2 所示 TTL 门电路中，电路的输出状态为_____。

　　A. 高电平　　　　　B. 低电平　　　　　C. 高阻　　　　　D. 不确定

（13）如图 2.3 所示 TTL 门电路中，输出 L 的表达式是_____。

　　A. $L=1$　　　　　B. $L=A+B$　　　　　C. $L=A$　　　　　D. $L=\overline{A+B}$

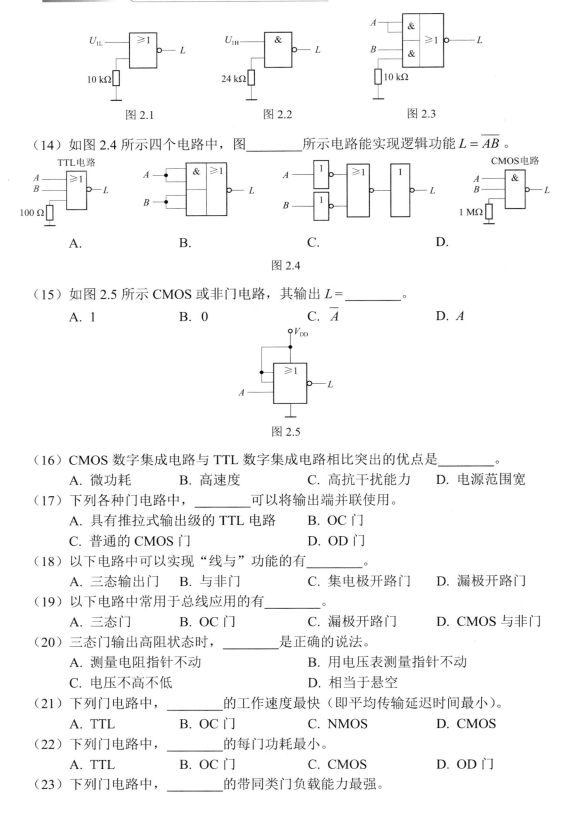

图 2.1　　　　　　　图 2.2　　　　　　　图 2.3

（14）如图 2.4 所示四个电路中，图_____所示电路能实现逻辑功能 $L = \overline{AB}$。

A.　　　　　　　B.　　　　　　　C.　　　　　　　D.

图 2.4

（15）如图 2.5 所示 CMOS 或非门电路，其输出 $L =$ _____。

A. 1　　　　　　B. 0　　　　　　C. $\overline{A}$　　　　　　D. A

图 2.5

（16）CMOS 数字集成电路与 TTL 数字集成电路相比突出的优点是_____。

A. 微功耗　　　　B. 高速度　　　　C. 高抗干扰能力　　D. 电源范围宽

（17）下列各种门电路中，_____可以将输出端并联使用。

A. 具有推拉式输出级的 TTL 电路　　　B. OC 门

C. 普通的 CMOS 门　　　　　　　　　D. OD 门

（18）以下电路中可以实现"线与"功能的有_____。

A. 三态输出门　　B. 与非门　　　　C. 集电极开路门　　D. 漏极开路门

（19）以下电路中常用于总线应用的有_____。

A. 三态门　　　　B. OC 门　　　　C. 漏极开路门　　　D. CMOS 与非门

（20）三态门输出高阻状态时，_____是正确的说法。

A. 测量电阻指针不动　　　　　　　　B. 用电压表测量指针不动

C. 电压不高不低　　　　　　　　　　D. 相当于悬空

（21）下列门电路中，_____的工作速度最快（即平均传输延迟时间最小）。

A. TTL　　　　　B. OC 门　　　　C. NMOS　　　　D. CMOS

（22）下列门电路中，_____的每门功耗最小。

A. TTL　　　　　B. OC 门　　　　C. CMOS　　　　D. OD 门

（23）下列门电路中，_____的带同类门负载能力最强。

A. TTL B. OC 门 C. NMOS D. CMOS

（24）电路如图 2.6 所示，已知发光二极管的正向压降 $U_D = 1.7\ V$，参考工作电流 $I_D = 10\ mA$，某 TTL 门输出的高低电平分别为 $U_{OH} = 3.6\ V$，$U_{OL} = 0.3\ V$，允许的灌电流和拉电流分别为 $I_{OL} = 15\ mA$，$I_{OH} = 0.4\ mA$。则电阻 R 应选择_____。

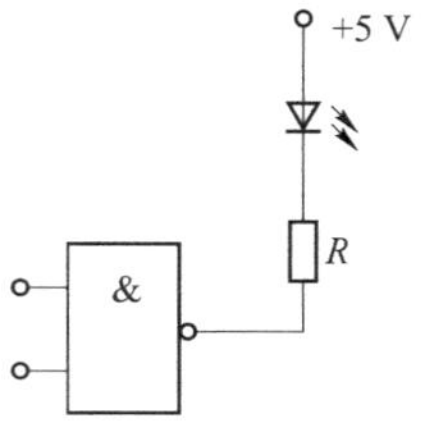

A. 510 Ω B. 100 Ω

C. 2 200 Ω D. 300 Ω

图 2.6

（25）TTL 与非门的低电平输入电流为 1.5 mA，高电平输入电流为 10 μA，最大灌电流为 15 mA，最大拉电流为 400 μA，则其扇出系数为_____。

A. 5 B. 10 C. 20 D. 40

（26）一个触发器可记录一位二进制代码，它有_____个稳态。

A. 0 B. 1 C. 2 D. 3

（27）存储 8 位二进制信息要___个触发器。

A. 2 B. 3 C. 4 D. 8

（28）N 个触发器可以构成能寄存_____位二进制数码的寄存器。

A. $N-1$ B. N C. $N+1$ D. 2^N

（29）用或非门组成的基本 SR 触发器的所谓"状态不定"是发生在 R、S 上加入信号_____。

A. $R=0$，$S=1$ B. $R=0$，$S=0$ C. $R=1$，$S=0$ D. $R=1$，$S=1$

（30）由或非门构成的基本 SR 触发器，当 $R=1$，$S=0$ 时，则_____。

A. $Q=0$ B. $Q=1$ C. $\overline{Q}=1$ D. $\overline{Q}=0$

（31）由与非门构成的基本 SR 触发器，当 $\overline{R}=0$，$\overline{S}=1$ 时，则_____。

A. $Q=1$ B. $Q=0$ C. $\overline{Q}=0$ D. $\overline{Q}=1$

（32）欲将触发器置为"1"态，应在 $\overline{R_D}$、$\overline{S_D}$ 端加_____电平信号。

A. $\overline{R_D}=0$，$\overline{S_D}=0$ B. $\overline{R_D}=0$，$\overline{S_D}=1$

C. $\overline{R_D}=1$，$\overline{S_D}=0$ D. $\overline{R_D}=1$，$\overline{S_D}=1$

（33）对于 D 触发器，欲使 $Q^{n+1}=Q$，应使输入 $D=$_____。

A. 0 B. 1 C. Q D. $\overline{Q}$

（34）欲使 D 触发器按 $Q^{n+1}=\overline{Q}$ 工作，应使输入 $D=$_____。

A. 0 B. 1 C. Q D. $\overline{Q}$

（35）边沿式 D 触发器是一种_____稳态电路。

A. 无 B. 单 C. 双 D. 多

（36）对于 JK 触发器，若 $J=K$，则可完成_____触发器的逻辑功能。

A. SR B. D C. T D. T'

（37）欲使 JK 触发器按 $Q^{n+1}=Q$ 工作，可使 JK 触发器的输入端_____。

A. $J=K=0$ B. $J=Q$，$K=\overline{Q}$

  C. $J=Q$，$K=0$ D. $J=0$，$K=\overline{Q}$

（38）欲使 JK 触发器实现 $Q^{n+1}=\overline{Q}$，JK 输入端取值应为_____。

  A. $J=0$，$K=0$ B. $J=0$，$K=1$

  C. $J=1$，$K=0$ D. $J=1$，$K=1$

（39）欲使 JK 触发器按 $Q^{n+1}=\overline{Q}$ 工作，可使 JK 触发器的输入端_____。

  A. $J=K=1$ B. $J=Q$，$K=\overline{Q}$ C. $J=\overline{Q}$，$K=Q$

  D. $J=Q$，$K=1$ E. $J=1$，$K=Q$

（40）欲使 JK 触发器按 $Q^{n+1}=0$ 工作，可使 JK 触发器的输入端_____。

  A. $J=K=1$ B. $J=Q$，$K=Q$ C. $J=Q$，$K=1$ D. $J=0$，$K=1$

（41）欲使 JK 触发器按 $Q^{n+1}=1$ 工作，可使 JK 触发器的输入端_____。

  A. $J=K=1$ B. $J=1$，$K=0$ C. $J=K=\overline{Q}$

  D. $J=K=0$ E. $J=\overline{Q}$，$K=0$

（42）若用 JK 触发器来实现特性方程为 $Q^{n+1}=\overline{A}Q+AB$，则 JK 端的方程为_____。

  A. $J=A\overline{B}$，$K=\overline{AB}$ B. $J=AB$，$K=A\overline{B}$

  C. $J=AB$，$K=\overline{A+B}$ D. $J=\overline{A+B}$，$K=A$

（43）对于 T 触发器，若原态 $Q^n=0$，欲使新态 $Q^{n+1}=1$，应使输入 $T=$_____。

  A. 0   B. 1   C. Q D. $\overline{Q}$

（44）对于 T 触发器，若原态 $Q=1$，欲使新态 $Q^{n+1}=1$，应使输入 $T=$_____。

  A. 0   B. 1   C. Q D. $\overline{Q}$

（45）T 触发器中，当 $T=1$ 时，触发器实现_____功能。

  A. 置 1   B. 置 0   C. 翻转   D. 保持

（46）为实现将 JK 触发器转换为 D 触发器，应使_____。

  A. $J=D$，$K=\overline{D}$ B. $K=D$，$J=\overline{D}$

  C. $J=K=D$ D. $J=K=\overline{D}$

（47）设图 2.7 中所有触发器的初始状态皆为 0，触发器在时钟信号作用下，输出电压波形恒为 0 的是_____图。

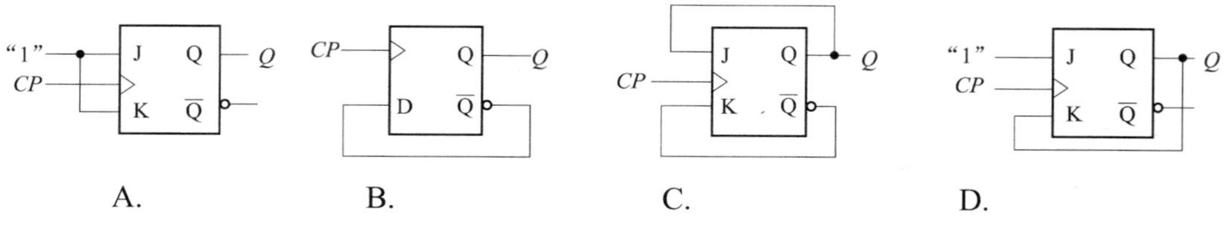

  A.   B.   C.   D.

图 2.7

（48）同步 SR 触发器相对于主从 SR 触发器而言，最大的缺点是_____。

  A. 存在空翻   B. 结构复杂   C. 触发方式单一   D. 带负载能力差

（49）根据触发器的_____，触发器可分为 SR 触发器、JK 触发器、D 触发器、T

触发器。
  A. 逻辑功能 　　　　　　　　　　B. 电路结构
  C. 电路结构和逻辑功能 　　　　　D. 用途
  （50）根据触发器的_____可分为基本 SR 触发器、同步触发器、主从触发器、边沿触发器。
  A. 电路结构 　　　　　　　　　　B. 逻辑功能
  C. 用途 　　　　　　　　　　　　D. 电路结构和逻辑功能
  （51）下列触发器中，克服了空翻现象的有_____。
  A. 边沿 D 触发器 　　　　　　　　B. 主从 SR 触发器
  C. 同步 SR 触发器 　　　　　　　D. 主从 JK 触发器
  （52）下列触发器中，没有约束条件的是_____。
  A. 基本 SR 触发器 　　　　　　　B. 主从 SR 触发器
  C. 同步 SR 触发器 　　　　　　　D. 边沿 D 触发器
  （53）在下列触发器中，有约束条件的是_____。
  A. 主从 JK 触发器 　　　　　　　B. 边沿 SR 触发器
  C. 同步 SR 触发器 　　　　　　　D. 边沿 D 触发器
  （54）为避免一次性变化现象，应当采用_____的触发器。
  A. 主从触发 　　　　　　　　　　B. 电平触发
  C. 边沿触发 　　　　　　　　　　D. JK 触发器

2. 填空题

  （1）TTL 与非门电压传输特性曲线分为_____、_____、_____、_____。
  （2）国产 TTL 电路 CT4000 相当于国际 SN54/74LS 系列，其中 LS 表示_____。
  （3）集电极开路门的英文缩写为_____门，工作时必须外加_____和_____。
  （4）多个 OC 门输出端并联到一起可实现_____功能。
  （5）集电极开路门的输出端_____直接相连，以实现"线与"逻辑关系。
  （6）一般 TTL 门输出端_____直接相连来实现线与逻辑关系，只有_____门或三态门输出端可以直接相连。
  （7）三态门输出的三种状态分别为：_____、_____和_____。
  （8）当 TTL 与非门的多余输入端悬空时，相当于输入_____电平。
  （9）在数字电路中，晶体三极管工作在_____状态，即或者在_____区，或者在_____区。
  （10）TTL 门电路如图 2.8 所示。当开关 K 与 M 点接通时，如输入端电压 $V_{A_1} = 0.3$ V，

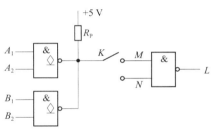

图 2.8

$V_{A_2} = V_{B_1} = V_{B_2} = 3.6$ V，用电压表可测得 $V_N =$ _____，$V_L =$ _____；若 $V_{A_1} =$ $V_{A_2} = V_{B_2} = V_{B_1} = 0.3$ V，则 $V_N =$ _____，$V_L =$ _____。

（11）在 TTL 门电路的一个输入端与地之间接一个 500 Ω 电阻，则相当于在该输入端输入_____电平。

（12）TTL 与非门多余的输入端应_____、_____或_____。

（13）TTL 三态门的输出有三种状态：_____、_____和_____状态。

（14）CMOS 门电路如图 2.9 所示，电路输入、输出的逻辑关系最简逻辑表达式为 $L =$ _____。

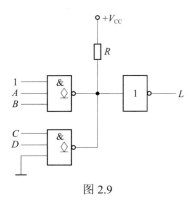

图 2.9

（15）已知某与非门的电压传输特性、输入特性、输出特性分别如图 2.10（a）、（b）、（c）、（d）所示。

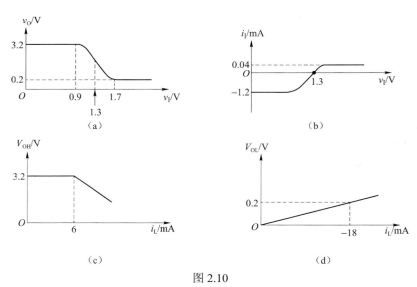

图 2.10

输出高电平 $V_{OH} =$ _____；输出低电平 $V_{OL} =$ _____；

输入短路电流 $I_{IS} =$ _____；高电平输入电流 $I_{IH} =$ _____；

关门电平 $V_{OFF} =$ _____；开门电平 $V_{ON} =$ _____；

低电平噪声容限 $V_{NL}=$ _____；高电平噪声容限 $V_{NH}=$ _____；

扇出系数 $N=$ _____；门槛电平 $V_{TH}=$ _____；

最大拉电流 $I_{OH}=$ _____；最大灌电流 $I_{OL}=$ _____。

（16）CMOS 逻辑门电路如图 2.11 所示。已知输出高电平 $V_{OH}=5\,\text{V}$，输出低电平 $V_{OL}=0\,\text{V}$，容许的拉电流 $I_{OH}=0.6\,\text{mA}$，灌电流 $I_{OL}=0.6\,\text{mA}$。当输出为低电平时，负载 R_L 灌入门的电流 $I_L=$ _____，由于 _____，所以该电路能完成 _____ 的逻辑功能。

（17）三态门电路如图 2.12 所示，保证电路正常工作的条件是：_____。

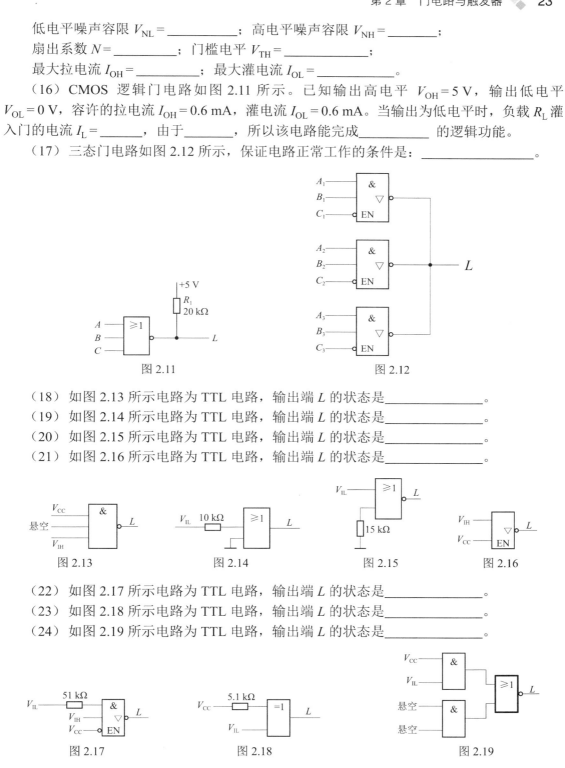

图 2.11　　　　　　　　　　图 2.12

（18）如图 2.13 所示电路为 TTL 电路，输出端 L 的状态是_____。

（19）如图 2.14 所示电路为 TTL 电路，输出端 L 的状态是_____。

（20）如图 2.15 所示电路为 TTL 电路，输出端 L 的状态是_____。

（21）如图 2.16 所示电路为 TTL 电路，输出端 L 的状态是_____。

图 2.13　　　　图 2.14　　　　图 2.15　　　　图 2.16

（22）如图 2.17 所示电路为 TTL 电路，输出端 L 的状态是_____。

（23）如图 2.18 所示电路为 TTL 电路，输出端 L 的状态是_____。

（24）如图 2.19 所示电路为 TTL 电路，输出端 L 的状态是_____。

图 2.17　　　　图 2.18　　　　图 2.19

（25）如图 2.20 所示电路为 CMOS 电路，输出端 L 的状态是_____。

（26）如图 2.21 所示电路为 CMOS 电路，输出端 L 的状态是_____。

（27）如图 2.22 所示电路为 CMOS 电路，输出端 L 的状态是＿＿＿＿＿＿＿。

（28）如图 2.23 所示电路为 CMOS 电路，输出端 L 的状态是＿＿＿＿＿＿＿。

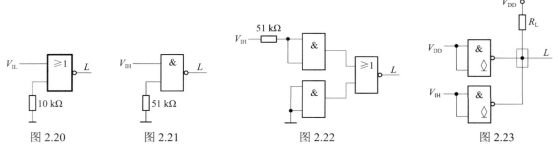

图 2.20   图 2.21   图 2.22   图 2.23

（29）将 TTL 及 CMOS 与非门作反相器使用时，多个输入端＿＿＿＿＿＿或＿＿＿＿＿＿。
电路及表达式为＿＿＿＿＿＿＿＿＿＿＿＿＿ 或 ＿＿＿＿＿＿＿＿＿＿＿＿＿。

（30）将 TTL 及 CMOS 或非门作反相器使用时，多个输入端＿＿＿＿＿＿或＿＿＿＿＿＿。
电路及表达式为＿＿＿＿＿＿＿＿＿＿＿＿＿ 或 ＿＿＿＿＿＿＿＿＿＿＿＿＿。

（31）将 TTL 及 CMOS 异或门作反相器使用时，两个输入端一个＿＿＿＿＿＿，另一个＿＿＿＿＿＿。
电路及表达式为＿＿＿＿＿＿＿＿＿＿＿＿＿＿＿＿＿＿＿＿。

（32）触发器有＿＿＿个稳态，存储 8 位二进制信息要＿＿＿＿个触发器。

（33）用 4 个触发器可以存储＿＿＿＿位二进制数。

（34）一个 JK 触发器有＿＿＿＿个稳态，它可存储＿＿＿＿位二进制数。

（35）触发器有两个互补的输出端 Q、$\overline{Q}$，定义触发器的 1 状态为＿＿＿＿，0 状态为＿＿＿＿，可见触发器的状态指的是＿＿＿＿＿端的状态。

（36）通常将具有两种不同稳定状态，且能在外信号作用下在两种状态间转换的电路称为＿＿＿＿＿触发器。对于基本 SR 触发器，当 $Q=0$、$\overline{Q}=1$ 时称触发器处于＿＿＿＿＿状态。

（37）一个基本 SR 触发器在正常工作时，它的约束条件是 $\overline{R}+\overline{S}=1$，则它不允许输入 $\overline{S}=$＿＿＿＿且 $\overline{R}=$＿＿＿＿的信号。

（38）一个基本 SR 触发器在正常工作时，不允许输入 $R=S=1$ 的信号，因此它的约束条件是＿＿＿＿＿。

（39）若使 JK 触发器直接置 1，必须使 $S_{D}=$＿＿＿＿，$R_{D}=$＿＿＿＿，而与输入信号 J、K 及＿＿＿＿信号无关。

（40）TTL 集成 JK 触发器正常工作时，其 $\overline{R_{D}}$ 和 $\overline{S_{D}}$ 端应接＿＿＿＿＿电平。

（41）D 触发器的特性方程是＿＿＿＿。

（42）JK 触发器的特性方程是＿＿＿＿。

（43）SR 触发器的特性方程是＿＿＿＿。

（44）T 触发器的特性方程是＿＿＿＿。

（45）在一个 CP 脉冲作用下，引起触发器两次或多次翻转的现象称为触发器的＿＿＿＿，触发方式为＿＿＿＿或＿＿＿＿的触发器不会出现这种现象。

（46）如果在时钟 $CP=1$ 期间，由于干扰的原因，使触发器的输入信号经常有变化，此时不能选用_____结构型的触发器，而应选用_____结构型的触发器。

（47）触发器的触发方式有_____、_____和_____。

3. 判断题

（1）在数字电路中，电路处理的信号只有 0 与 1 两种状态，对于高电平 1 信号而言，当它的信号幅度在一定范围内发生改变时，并不影响作为高电平 1 信号本身的特性，低电平 0 信号也是同样。但是，当 1 信号和 0 信号的幅度相差很小时，由于电路无法分清是 1 信号还是 0 信号，此时数字电路也无法正常工作。由此可见，在数字电路中并不是对高电平 1 和低电平 0 信号幅度没有要求的。　　　　　　　　　　　　　　　　　　　　　（　　）

（2）由于二进制数中只有 0 和 1 两个数码，在数字电路中 0 和 1 只是电路的两种不同状态，例如三极管的饱和用 1 来表示，三极管的截止用 0 来表示，电子电路表示这样两种不同状态是相当方便的。　　　　　　　　　　　　　　　　　　　　　　　　（　　）

（3）数字电路中主要使用二进制编码。数字电路可以对这种二进制数码进行加、减等运算和逻辑运算。　　　　　　　　　　　　　　　　　　　　　　　　　　　　　　（　　）

（4）数字电路中用 1 和 0 分别表示两种状态，二者有大小之分。　　　　　（　　）

（5）集成电路的引脚分布是有规律性的，了解这种引脚的排列对认识器件和使用器件都是十分有益的。对于各种排列的集成电路，其第一根引脚一般都有一个标记，对 DIP 集成电路而言，正面对着有标记的是第一根引脚，然后逆时针方向依次是集成电路的各引脚。　　　　　　　　　　　　　　　　　　　　　　　　　　　　　　　　（　　）

（6）数字集成电路与模拟集成电路从引脚排列、封装形式上就能看出它们的不同。数字集成电路内电路是数字电路，模拟集成电路内电路是模拟电路，它们所放大、处理的信号是不同的，两种集成电路之间不能互换使用。　　　　　　　　　　　　　　　　　（　　）

（7）大规模集成电路与中规模集成电路的区别是内电路中三极管的数目不等，大规模集成电路内电路中有 1 000 至 10 000 只三极管。　　　　　　　　　　　　　　　（　　）

（8）一般情况下，集成电路引脚数目与集成电路的规模成正比关系。当集成电路的引脚数目较多时，集成电路引脚一般采用四列排列方式。　　　　　　　　　　　　（　　）

（9）当三极管工作在开关状态时，它有两个工作状态：一是饱和导通状态，此时三极管集电极与发射极之间的内阻很小。二是截止状态，此时集电极与发射极之间的内阻很大。三极管截止时相当于开关断开，三极管饱和时相当于开关接通。三极管截止、饱和时的集电极与发射极之间内阻相差很大。　　　　　　　　　　　　　　　　　　　　　　（　　）

（10）数字电路中最基本的器件为电子开关电路，逻辑门电路就是一种电子开关电路。最常见的逻辑门电路主要有或门电路、与门电路、非门电路、或非门电路和与非门电路等。这些门电路可以由二极管构成，也可以用三极管构成，还可以用 MOS 器件构成。（　　）

（11）所谓 CMOS 就是采用互补型的 MOS 管构成的电路。所谓 TTL 电路就是晶体管－晶体管－逻辑电路。所谓与或非门电路是两个或两个以上与门和一个或门，再和一个非门串联起来的门电路。　　　　　　　　　　　　　　　　　　　　　　　　　　　（　　）

（12）DTL 门就是二极管－三极管逻辑门电路。OC 与非门就是集电极开路与非门，它的逻辑功能就是与非逻辑。TS 门就是三态门电路，它除了输出高电平和低电平外，还有一态是高阻态，此时输出端对地之间相当于开路。　　　　　　　　　　　　　　　（　　）

（13）有一个四输入端的或门电路，只有当它的所有输入端都是高电平 1 时，这一或门电路才输出高电平 1。反过来讲，对于这一或门电路而言，四个输入端中只要有一个输入端是低电平 0，该或门电路输出低电平 0。　　　　　　　　　　　　　　　　（　　）

（14）三态门的三种状态分别为：高电平、低电平、不高不低的电压。　　　（　　）

（15）三态门的输出端可以并接，但同一时刻各三态门的使能端只能有一个有效。

　　　　　　　　　　　　　　　　　　　　　　　　　　　　　　　　　　　（　　）

（16）当 TTL 与非门的输入端悬空时相当于输入为逻辑 1。　　　　　　　（　　）

（17）TTL 与非门的多余输入端可以接固定高电平。　　　　　　　　　　　（　　）

（18）TTL 与非门输入端可以接任意值电阻而不影响其逻辑功能。　　　　（　　）

（19）普通逻辑门电路的输出端不可以并联在一起，否则可能会损坏器件。（　　）

（20）两输入端四与非门器件 74LS00 与 7400 的逻辑功能完全相同。　　　（　　）

（21）CMOS 或非门与 TTL 或非门的逻辑功能完全相同。　　　　　　　　（　　）

（22）TTL OC 门（集电极开路门）的输出端可以直接相连，实现线与。　　（　　）

（23）一般 TTL 门电路的输出端可以直接相连，实现线与。　　　　　　　（　　）

（24）TTL 集电极开路门输出为 1 时由外接电源和电阻提供输出电流。　　（　　）

（25）CMOS OD 门（漏极开路门）的输出端可以直接相连，实现线与。　（　　）

（26）判断如图 2.24 所示电路接法的对错。　　　　　　　　　　　　　　　（　　）

（27）判断如图 2.25 所示电路接法的对错。　　　　　　　　　　　　　　　（　　）

（28）判断如图 2.26 所示电路接法的对错。　　　　　　　　　　　　　　　（　　）

（29）判断如图 2.27 所示电路接法的对错。　　　　　　　　　　　　　　　（　　）

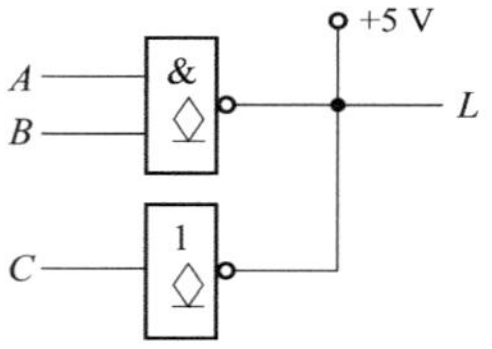

图 2.24 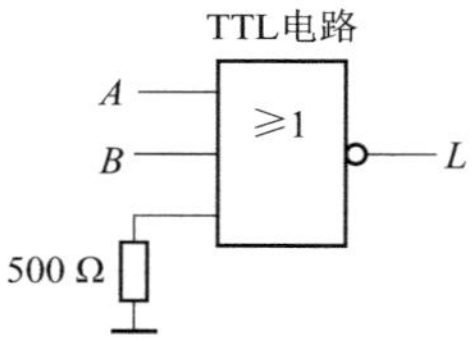　　　　　　　　　图 2.25 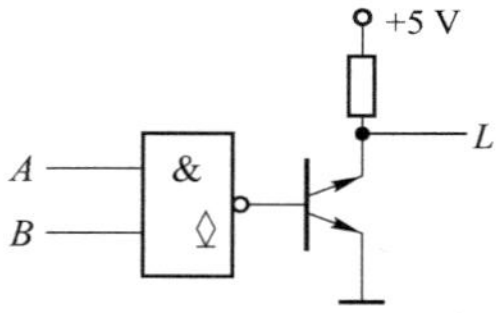　　　　　　　　　图 2.26 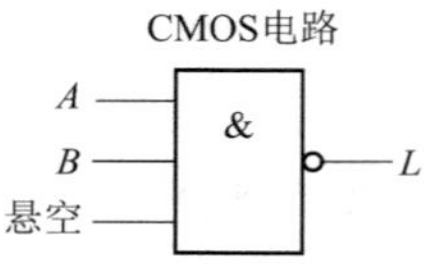　　　　　　　　　图 2.27

（30）如图 2.28 所示电路的输出 $L = \overline{A+B}$。　　　　　　　　　　　　　（　　）

（31）如图 2.29 所示电路是 TTL 或 CMOS 或非门，其输入输出端均并联，功能是 $L = \overline{A+B}$。　　　　　　　　　　　　　　　　　　　　　　　　　　　　　（　　）

（32）如图 2.30 所示电路是 TTL 或 CMOS 与非门，其输出端并联，完成 $L = \overline{AB} \cdot \overline{CD}$。

　　　　　　　　　　　　　　　　　　　　　　　　　　　　　　　　　　　（　　）

（33）如图 2.31 所示电路是 TTL 的 TS 门，其功能是：$L = \overline{(\overline{A}\,BC)} \cdot (\overline{AB}\,\overline{C})$。

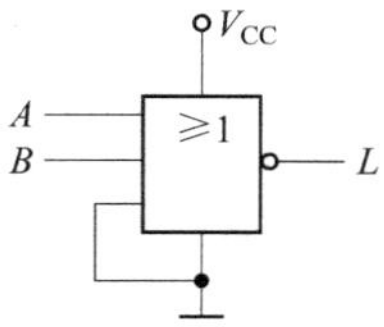

　　　　　　　　　　　　　　　　　　　　　　　　　　　　　　　　　　　（　　）

图 2.28 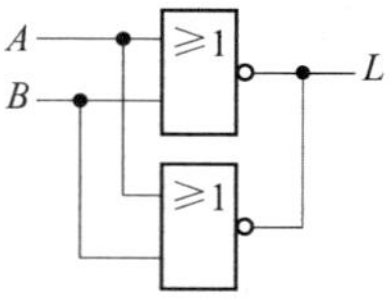　　　　　　　　　图 2.29 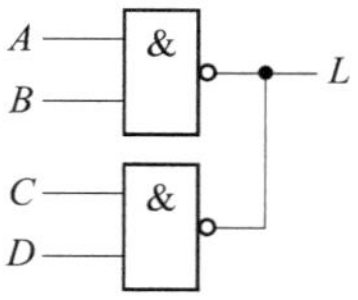　　　　　　　　　图 2.30 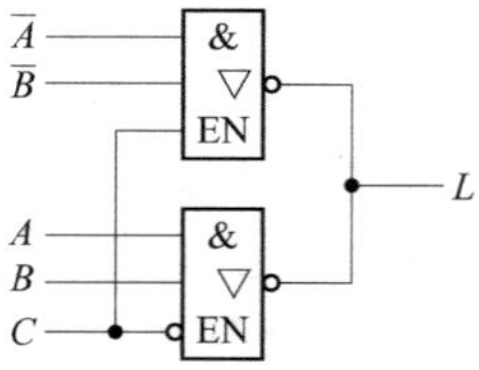　　　　　　　　　图 2.31

（34）如图 2.32 所示电路是 TTL OC 门，其输出端并联，功能是：$L = \overline{AB} \cdot \overline{CD}$。（　　）

（35）如图 2.33 所示电路，输出 $L = 0$。（　　）

（36）如图 2.34 所示电路，输出 $L = \overline{A + B}$。（　　）

（37）如图 2.35 所示 TTL 或 CMOS 电路，输出 $L = \overline{A + B} \cdot \overline{C + D}$。（　　）

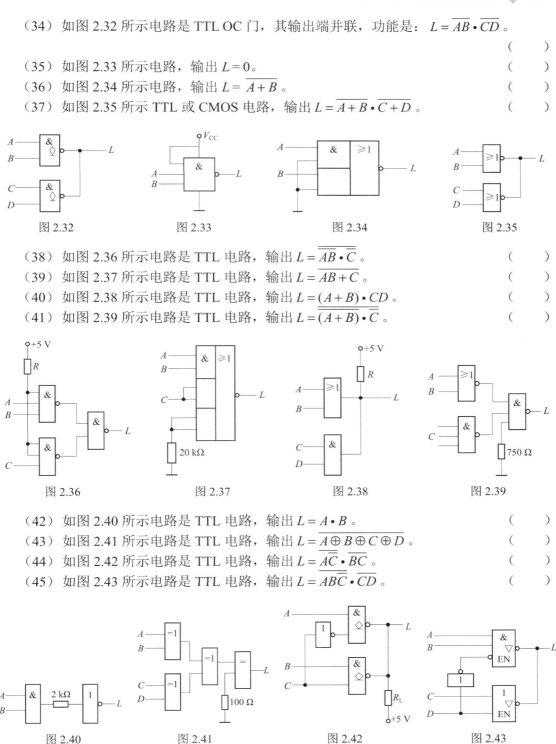

图 2.32　　　　图 2.33　　　　图 2.34　　　　图 2.35

（38）如图 2.36 所示电路是 TTL 电路，输出 $L = \overline{\overline{AB} \cdot \overline{C}}$。（　　）

（39）如图 2.37 所示电路是 TTL 电路，输出 $L = \overline{AB + C}$。（　　）

（40）如图 2.38 所示电路是 TTL 电路，输出 $L = (A + B) \cdot CD$。（　　）

（41）如图 2.39 所示电路是 TTL 电路，输出 $L = \overline{(A + B) \cdot \overline{C}}$。（　　）

图 2.36　　　　图 2.37　　　　图 2.38　　　　图 2.39

（42）如图 2.40 所示电路是 TTL 电路，输出 $L = A \cdot B$。（　　）

（43）如图 2.41 所示电路是 TTL 电路，输出 $L = \overline{A \oplus B \oplus C \oplus D}$。（　　）

（44）如图 2.42 所示电路是 TTL 电路，输出 $L = \overline{AC} \cdot \overline{BC}$。（　　）

（45）如图 2.43 所示电路是 TTL 电路，输出 $L = \overline{\overline{AB\overline{C}} \cdot \overline{CD}}$。（　　）

图 2.40　　　　图 2.41　　　　图 2.42　　　　图 2.43

（46）CMOS 传输门就是用 CMOS 电路构成的传输门，传输门是一种可控开关电路，它接近于一个理想的电子开关，它在开关接通时的电阻很小，而在开关断开时的电阻很大。

（　）

（47）双稳态电路又称为双稳态触发器，这种电路有两个稳定的输出状态，如果没有有效的触发信号进行触发，这种稳态电路将保持一种稳定状态。　　　　　　　　（　）

（48）双稳态电路的输出信号波形是矩形脉冲波形，这种电路的两个输出端输出信号相位相反，即一个输出高电平时另一个输出低电平。　　　　　　　　　　　　　（　）

（49）SR 触发器的约束条件 $SR=0$，表示不允许出现 $R=S=1$ 的输入。　　（　）

（50）由两个 TTL 或非门构成的基本 SR 触发器，当 $R=S=0$ 时，触发器的状态为不定。　　　　　　　　　　　　　　　　　　　　　　　　　　　　　　　（　）

（51）对钟控触发器而言，时钟脉冲确定触发器状态何时转换，输入信号确定触发器状态如何转换。　　　　　　　　　　　　　　　　　　　　　　　　　　　　　　（　）

（52）对边沿 JK 触发器，在 CP 为高电平期间，当 $J=K=1$ 时，状态会翻转一次。（　）

（53）D 触发器的特性方程为 $Q^{n+1}=D$，与 Q 无关。

（54）D 触发器的特性方程为 $Q^{n+1}=D$，与 Q 无关，所以它没有记忆功能。　（　）

（55）D 触发器的特征方程为 $Q^{n+1}=D$，与 Q 无关，所以 D 触发器不是时序电路。

（　）

（56）D 触发器可以构成寄存器电路，分析这种电路时注意 D 触发器的逻辑功能。当输入端 D 为 0 时，再加一个移位正脉冲，D 触发器输出端 $Q=0$。如果输入端 $D=1$，在移位正脉冲作用下输出 1，即 $Q=1$。这种触发器必须有移位脉冲的作用。　　　　　（　）

（57）CP 上升沿触发器的 JK 触发器其原始状态为 1，现欲使其次态为 0，则应在 CP 上升沿到来之前，置 $J=\times$，$K=1$。　　　　　　　　　　　　　　　　　　　（　）

（58）同步触发器存在空翻现象，而边沿触发器和主从触发器克服了空翻。　　（　）

（59）采用主从式结构，或者增加维持阻塞功能，都可解决触发器的空翻现象。（　）

（60）主从 JK 触发器、边沿 JK 触发器和同步 JK 触发器的逻辑功能完全相同。（　）

（61）根据触发器的电路结构，触发器可分为 SR、JK、T、D 触发器。　　（　）

（62）T 触发器的特性方程为 $Q^{n+1}=\overline{Q}$。　　　　　　　　　　　　　（　）

（63）无论哪种结构形式的触发器，它们的逻辑功能都相同。　　　　　　　（　）

（64）如图 2.44 所示电路，完成功能 $Q^{n+1}=\overline{Q}$。

（65）如图 2.45 所示电路，完成功能 $Q^{n+1}=A\overline{Q}+\overline{A}Q$。　　　　　（　）

（66）如图 2.46 所示电路，完成功能 $Q^{n+1}=A\overline{Q}+\overline{A}Q$。　　　　　（　）

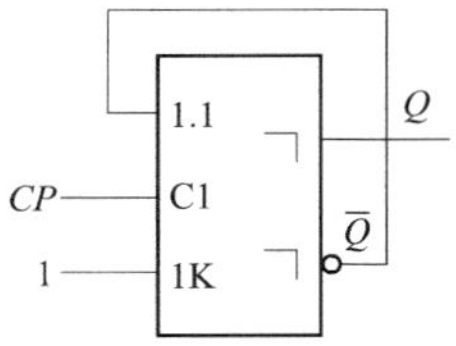

图 2.44 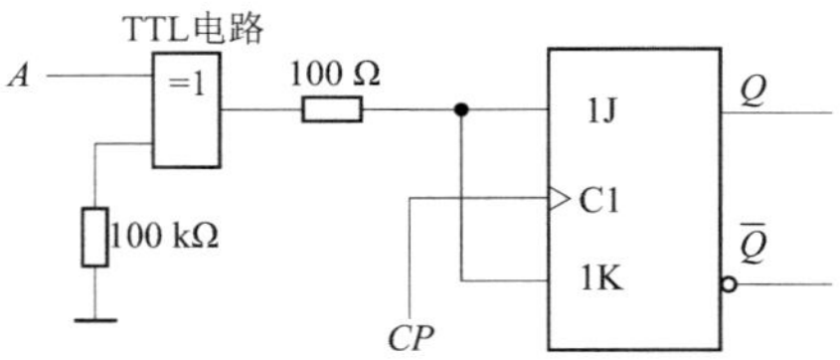　　　　　　　　图 2.45 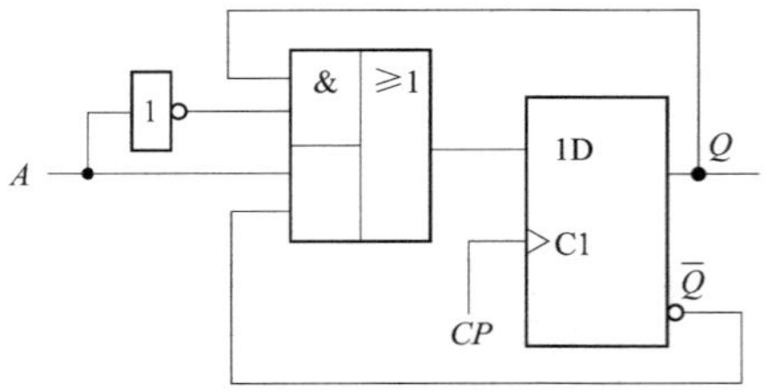　　　　　　　　图 2.46

（67）若要实现一个可暂停的一位二进制计数器，控制信号 $A=0$ 计数，$A=1$ 保持，可选用 T 触发器，且令 $T=A$。　　　　　　　　　　　　　　　　　　　　　　（　）

4. 计算题

（1）分析计算如图 2.47 所示由 74 系列 TTL 非门组成的电路，反相器 G_M 能驱动多少个同样的反相器。要求 G_M 输出的高、低电平符合 $V_{OH} \geqslant 3.2$ V，$V_{OL} \leqslant 0.25$ V。所有的反相器均为 74 系列 TTL 电路，输入电流 $I_{IL} \leqslant -0.4$ mA，$I_{IH} \leqslant 20$ μA。$V_{OL} \leqslant 0.25$ V 时输出电流的最大值 $I_{OL(max)} = 8$ mA，$V_{OH} \geqslant 3.2$ V 时输出电流的最大值为 $I_{OH(max)} = -0.4$ mA，G_M 的输出电阻可忽略不计。

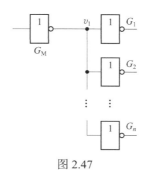

图 2.47

（2）分析如图 2.48 所示由 74 系列 TTL 与非门组成的电路，计算门 G_M 能驱动多少同样的与非门。要求 G_M 输出的高、低电平满足 $V_{OH} \geqslant 3.2$ V，$V_{OL} \leqslant 0.4$ V。与非门的输入电流为 $I_{IL} \leqslant -1.6$ mA，$I_{IH} \leqslant 40$ μA。当 $V_{OL} \leqslant 0.4$ V 时输出电流最大值为 $I_{OL(max)} = 16$ mA，当 $V_{OH} \geqslant 3.2$ V 时输出电流最大值为 $I_{OH(max)} = -0.4$ mA，G_M 的输出电阻可忽略不计。

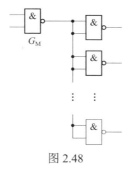

图 2.48

（3）如图 2.49 所示电路中与非门为 74 系列的 TTL 电路，万用表使用 5 V 量程，内阻为 20 kΩ/V，分析在下列情况下用万用表测量 v_{I2} 端得到的电压各为多少？① v_{I1} 悬空；② v_{I1} 接低电平（0.2 V）；③ v_{I1} 接高电平（3.2 V）；④ v_{I1} 经 51 Ω 电阻接地；⑤ v_{I1} 经 10 kΩ 电阻接地。

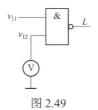

图 2.49

（4）如图 2.50 所示电路中或非门为 74 系列的 TTL 电路，万用表使用 5 V 量程，内阻为

20 kΩ/V，分析在下列情况下用万用表测量图中 v_{I2} 端得到的电压各为多少？① v_{I1} 悬空；② v_{I1} 接低电平（0.2 V）；③ v_{I1} 接高电平（3.2 V）；④ v_{I1} 经 51 Ω 电阻接地；⑤ v_{I1} 经 10 kΩ 电阻接地。

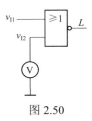

图 2.50

（5）如图 2.49 所示电路中与非门为 CMOS 电路，万用表使用 5 V 量程，内阻为 20 kΩ/V，分析在下列情况下用万用表测量 v_{I2} 端得到的电压各为多少？① v_{I1} 悬空；② v_{I1} 接低电平（0.2 V）；③ v_{I1} 接高电平（3.2 V）；④ v_{I1} 经 51 Ω 电阻接地；⑤ v_{I1} 经 10 kΩ 电阻接地。

（6）分析下列各种门电路中哪些可以将输出端并联使用，有什么限制条件？① 具有推拉式输出级的 TTL 门电路；② TTL 电路的 OC 门；③ TTL 电路的三态输出门；④ 互补输出结构的 CMOS 门；⑤ CMOS 电路的 OD 门；⑥ CMOS 电路的三态输出门。

5. 画图题

（1）触发器电路及输入信号的电压波形如图 2.51 所示，问：① 这是什么结构的触发器？② 这个触发器的逻辑功能是什么？写出它的逻辑方程。③ 画出 Q 和 $\overline{Q}$ 端与之对应的电压波形，假定触发器的初始状态为 $Q = 0$。

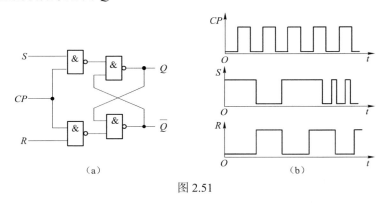

(a)　　　　　　　　　　　　(b)

图 2.51

（2）触发器电路及输入波形如图 2.52 所示，设触发器的初始状态 $Q = 0$。问：① 这个触

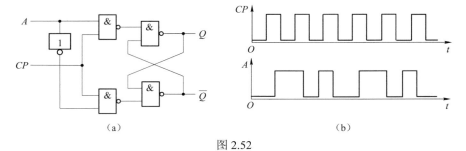

(a)　　　　　　　　　　　　(b)

图 2.52

发器是什么结构的？② 这个触发器的逻辑功能是什么？写出它的逻辑方程。③ 画出输出端的波形。

（3）触发器电路及输入波形如图 2.53 所示，设触发器的初始状态 $Q=0$。问：① 这个触发器是什么结构的？ ② 这个触发器的逻辑功能是什么？写出它的逻辑方程。③ 根据 CP 及输入波形，画出输出端的波形。

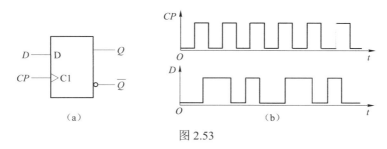

图 2.53

（4）触发器及输入端的电压波形如图 2.54 所示，设触发器的初态 $Q=0$。问：① 电路中采用的是什么结构的触发器？② 是什么功能的触发器？写出它的逻辑方程。③ 画出 Q 端的波形。

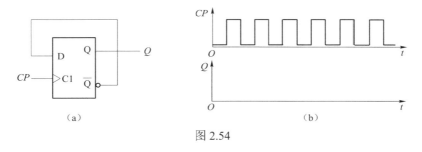

图 2.54

（5）已知维持阻塞 D 触发器组成的电路及各输入端的电压波形如图 2.55 所示，① 写出 Q 端的表达式；② 说明 B 端的作用；③ 画出 Q 端与输入信号的对应波形。

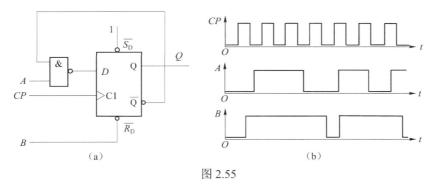

图 2.55

（6）如图 2.56 所示电路是脉冲分频电路，设触发器初始状态均为 0。问：① 电路中采用的是什么结构的触发器？输出在什么时刻变化？② 是什么功能的触发器？写出它的逻辑方程。③ 写出 Q_1、Q_2 和 L 端的表达式；④ 画出在七个 CP 脉冲作用下，Q_1、Q_2 及输出端 L 对应的波形；⑤ 从输出波形分析电路的功能是什么？

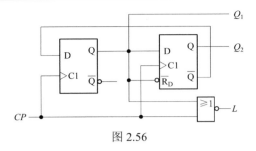

图 2.56

（7）电路如图 2.57 所示，设触发器初始状态均为 0。问：① 电路中采用的是什么结构的触发器？② 是什么功能的触发器？写出它的逻辑方程。③ 写出各触发器的状态方程，电路的输出方程。④ 画出在八个 CP 脉冲作用下，Q_1、Q_2 及输出端 L 对应的电压波形。

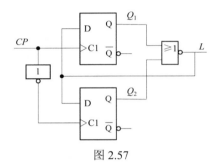

图 2.57

（8）电路如图 2.58 所示，设触发器初始状态为 $Q=0$。问：① 电路中采用的是什么结构的触发器？输出在什么时间发生改变？② 是什么功能的触发器？写出它的逻辑方程；③ 画出在五个 CP 脉冲作用下 Q 端的波形。

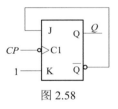

图 2.58

（9）电路及输入信号如图 2.59 所示，设触发器初始状态为 $Q=0$。问：① 电路中采用的是什么结构的触发器？输出在什么时间发生改变？② 是什么功能的触发器？写出它的逻辑方程；③ 画出在 CP 脉冲作用下 Q 端的波形。

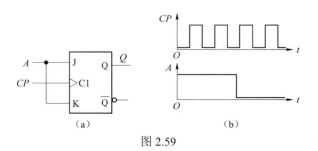

（a）　　　　　　　　（b）

图 2.59

（10）电路及输入信号如图 2.60 所示，设触发器初始状态为 $Q=0$。问：① 电路中采用的是什么结构的触发器？输出在什么时间发生改变？② 是什么功能的触发器？写出它的逻辑方程；③ 画出在 CP 脉冲作用下 Q 端的波形。

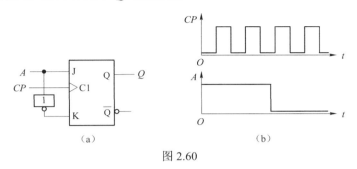

图 2.60

（11）电路如图 2.61 所示，设触发器初始状态为 $Q=0$。问：① 电路中采用的是什么结构的触发器？输出在什么时间发生改变？② 写出 FF_1 输出 Q_1 的表达式；③ 画出在五个 CP 脉冲作用下 Q_1、Q_2 端的波形。

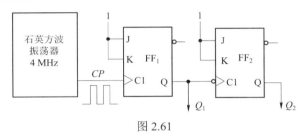

图 2.61

第3章

组合逻辑电路

3.1 内 容 总 结

1. 组合逻辑电路的特点

（1）只由门电路构成，输入、输出无反馈路径，不包含存储元件。

（2）电路的输出只与当时的输入有关，与原来的状态及输入无关。

2. 组合逻辑电路分析

（1）根据组合逻辑电路图，逐级写出逻辑表达式。

（2）将表达式化简，得到最简表达式。

（3）根据最简表达式，列出真值表。

（4）由真值表或表达式，找出输入、输出的关系，确定电路的逻辑功能。

3. 组合逻辑电路设计

（1）逻辑抽象，即根据所给逻辑要求，确定输入、输出变量及符号，说明符号为不同状态的含义。

（2）根据所给逻辑功能要求，列出真值表。

（3）根据真值表，写出逻辑表达式。

（4）简化和变换逻辑表达式。

（5）根据表达式，画出逻辑电路图。

4. 组合逻辑电路的竞争–冒险现象

（1）竞争–冒险：当门电路的两个输入端同时向相反的方向变化时，存在时间差，称为竞争；输出会产生不应该有的错误，输出毛刺称为冒险。

（2）判断方法：代数法、卡诺图法。

（3）消除方法：修改设计、增加惯性延时环节、加选通脉冲。

5. 集成组合逻辑电路器件

（1）加法器。

① 种类：1位半加器、1位全加器、多位串行加法器、多位超前进位加法器。

② 四位超前进位加法器74LS283，可以扩展为多位二进制全加器、进行BCD码与余3码相互转换等。

（2）编码器。

① 种类：普通编码器、优先权编码器。

② 8 线/3 线优先编码器 74LS148，可以扩展为 16 线/4 线优先编码器、设计组合逻辑电路等。

（3）译码器。

① 种类：变量译码器、码制变换译码器、显示译码器。

② 变量译码器 74LS138，可以扩展为 4 线/16 线译码器、设计多输出组合逻辑电路等。

③ 二—十进制译码器 74LS42，可以将二进制数转换为十进制数。

④ 显示译码（驱动）器 74LS48，驱动共阴极数码管，有灭零、灭灯、测试灯功能。

（4）数据选择器。

① 种类：4 选 1 数据选择器、8 选 1 数据选择器、16 选 1 数据选择器。

② 4 选 1 数据选择器 74LS153，可以扩展为 8 选 1 数据选择器、设计 3 变量以内组合逻辑电路。

③ 8 选 1 数据选择器 74LS151，可以扩展为 16 选 1 数据选择器、设计 4 变量以内组合逻辑电路、数据串/并行转换等。

（5）数值比较器。

① 种类：1 位比较器、多位比较器。

② 4 位数值比较器 74LS85，可以扩展为更多位数值比较器。

本章重点：一般的组合逻辑电路分析，组合逻辑电路设计，中规模集成电路器件 74LS283、74LS148、74LS138、74LS48、74LS153、74LS151、74LS85 的应用。

3.2　习　　题

1. 选择题（单选或多选）

（1）组合逻辑电路输出与输入的关系可用_____描述。

  A. 真值表   B. 状态表   C. 状态图   D. 逻辑表达式

（2）若在编码器中有 50 个编码对象，则要求输出二进制代码位数至少为_____位。

  A. 5   B. 6   C. 10   D. 50

（3）已知 MSI 优先编码器 74148 的输入 $\overline{I_1} = \overline{I_3} = \overline{I_5} = 0$，则输出线 $\overline{Y_2}\,\overline{Y_1}\,\overline{Y_0}$ 的值是_____。

  A. 000   B. 010   C. 011   D. 001

（4）8 线/3 线优先编码器的输入为 $I_0 \sim I_7$，当优先级别最高的 I_7 有效时，其输出 $\overline{Y_2}\,\overline{Y_1}\,\overline{Y_0}$ 的值是_____。

  A. 111   B. 010   C. 000   D. 101

（5）要使 74LS138 译码器工作，使能控制端 $S_1\overline{S_2}\,\overline{S_3}$ 的电平信号应是_____。

  A. 100   B. 111   C. 011   D. 001

（6）TTL 集成电路 74LS138 译码器为输出低电平有效，输入三个使能端 $S_1 = 1$，$\overline{S_2} = \overline{S_3} = 0$，若输入为 $A_2A_1A_0 = 101$ 时，输出 $\overline{Y_7}\,\overline{Y_6}\overline{Y_5}\overline{Y_4}\ \overline{Y_3}\overline{Y_2}\ \overline{Y_1}\ \overline{Y_0}$ 为_____。

  A. 00100000 B. 11011111 C. 11110111 D. 00000100

（7）当 74LS138 译码器的三个输入使能端 $S_1 = 1$，$\overline{S_2} = \overline{S_3} = 0$，地址码 $A_2A_1A_0 = 011$ 时，输出 $\overline{Y_7}\,\overline{Y_6}\overline{Y_5}\overline{Y_4}\ \overline{Y_3}\,\overline{Y_2}\ \overline{Y_1}\ \overline{Y_0}$ 为_____。

  A. 11111101 B. 10111111 C. 11110111 D. 11111111

（8）用 3 线/8 线译码器 74LS138 和辅助门电路实现逻辑函数 $L = A_2 + \overline{A_2}\overline{A_1}$，应用_____。

    A. 与非门，$L = \overline{\overline{Y_0}\ \overline{Y_1}\ \overline{Y_4}\ \overline{Y_5}\ \overline{Y_6}\ \overline{Y_7}}$ B. 与门，$L = \overline{Y_2}\ \overline{Y_3}$

    C. 或门，$L = \overline{Y_2} + \overline{Y_3}$ D. 或门，$L = \overline{Y_0} + \overline{Y_1} + \overline{Y_4} + \overline{Y_5} + \overline{Y_6} + \overline{Y_7}$

（9）用 4 选 1 数据选择器实现函数 $L = A_1 A_0 + \overline{A_1} A_0$，应使_____。

    A. $D_0 = D_2 = 0, D_1 = D_3 = 1$ B. $D_0 = D_2 = 1, D_1 = D_3 = 0$

    C. $D_0 = D_1 = 0, D_2 = D_3 = 1$ D. $D_0 = D_1 = 1, D_2 = D_3 = 0$

（10）4 选 1 数据选择器的数据输出 L 与数据输入 X_i 和地址码 A_i 之间的逻辑表达式为 $L = $ _____。

    A. $\overline{A_1}\overline{A_0}X_0 + \overline{A_1}A_0 X_1 + A_1\overline{A_0}X_2 + A_1 A_0 X_3$ B. $\overline{A_0}\overline{A_0}X_0$

    C. $\overline{A_0}A_0 X_1$ D. $A_1 A_0 X_3$

（11）一个 8 选 1 数据选择器的数据输入端有_____个。

    A. 1   B. 2   C. 3   D. 4   E. 8

（12）一个数据选择器的地址输入端有 3 个，最多可以有_____个数据信号输入。

    A. 4   B. 6   C. 8   D. 16

（13）由 8 选 1 数据选择器 74LS151 组成的电路如图 3.1 所示，该电路的输出_____。

    A. $L = \sum m(6,7,9,13)$ B. $L = A\overline{B}\overline{C} + \overline{A}BC + \overline{A}\ \overline{B}C$

    C. $L = \sum m(6,7,11,13)$ D. $L = \sum m(6,7,8,9,11,13)$

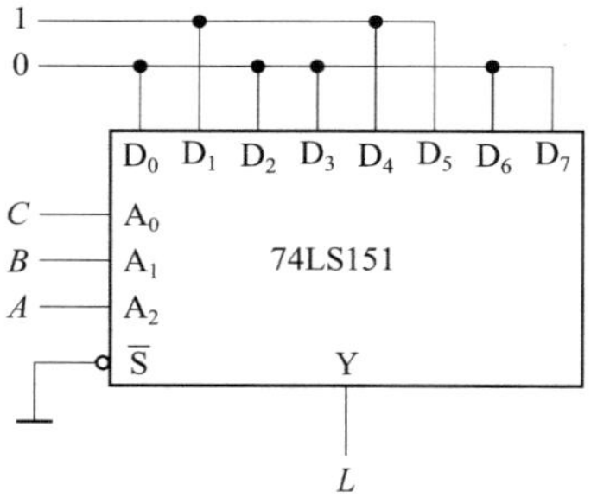

图 3.1

（14）一个 16 选 1 的数据选择器，其地址输入（选择控制输入）端有_____个。

    A. 1   B. 2   C. 4   D. 16

（15）八路数据分配器，其地址输入端有_____个。

    A. 1   B. 2   C. 3   D. 4   E. 8

（16）八路数据分配器，其数据输入端有_____个。

    A. 1   B. 2   C. 3   D. 8

（17）半加器和的输出端与输入端的逻辑关系是_____。

    A. 与非   B. 或非   C. 与或非   D. 异或

（18）半加器进位输出端与输入端的逻辑关系是_____。

    A. 与非   B. 或非   C. 与   D. 异或

（19）全加器的本位输出和与输入的函数关系为_____。

A. 与　　　　　　　　B. 或　　　　　　　　C. 异或　　　　　　　　D. 同或

（20）_____ 电路在任何时刻只能有一个输入端有效。

A. 二进制译码器　　　　　　　　　　B. 普通二进制编码器

C. 七段显示译码器　　　　　　　　　D. 优先编码器

（21）_____电路在任何时刻只能有一个输出端有效。

A. 二进制译码器　　　　　　　　　　B. 二进制编码器

C. 七段显示译码器　　　　　　　　　D. 十进制计数器

（22）在下列逻辑电路中，不是组合逻辑电路的有_____。

A. 译码器　　　　B. 计数器　　　　C. 全加器　　　　D. 寄存器

（23）双向数据总线可以采用_____构成。

A. 译码器　　　　B. 三态门　　　　C. 与非门　　　　D. 多路选择器

（24）以下电路中，加以适当辅助门电路，_____可以实现单输出组合逻辑电路。

A. 二进制译码器　　　　　　　　　　B. 数据选择器

C. 数值比较器　　　　　　　　　　　D. 七段显示译码器

（25）欲实现一个三变量组合逻辑函数，可以选用_____电路的芯片。

A. 编码器　　　B. 译码器　　　C. 数据选择器　　　D. 七段显示译码器

（26）下列表达式中不存在竞争–冒险现象的有_____。

A. $L = AB + \bar{B}$　　　　　　　　　B. $L = \bar{A}B + \bar{B}C$

C. $L = AB\bar{C} + AB$　　　　　　　D. $L = (A + \bar{B})A\bar{D}$

（27）下列各函数等式中无冒险现象的函数式有_____。

A. $L = \bar{B}\,\bar{C} + AC + \bar{A}B$　　　　　　　B. $L = \bar{A}\,\bar{C} + BC + A\bar{B}$

C. $L = \bar{A}\,\bar{C} + BC + A\bar{B} + \bar{A}B$　　　D. $L = \bar{B}C + AC + \bar{A}B + BC + A\bar{B} + \bar{A}\,\bar{C}$

（28）函数 $L = \bar{A}C + AB + \bar{B}\,\bar{C}$，当变量的取值为_____时，将出现冒险现象。

A. $B = C = 1$　　B. $B = C = 0$　　C. $A = 1，C = 0$　　D. $A = 0，B = 0$

（29）组合逻辑电路消除竞争–冒险的方法有_____。

A. 修改逻辑设计　　　　　　　　　B. 在输出端接入滤波电容

C. 后级加缓冲电路　　　　　　　　D. 屏蔽输入信号的尖峰干扰

2. 填空题

（1）半导体数码显示器的内部接法有两种形式：共_____接法和共_____接法。

（2）对于共阳接法的发光二极管数码显示器，应采用_____电平驱动的七段显示译码器。

（3）组合逻辑电路在任意时刻的稳定输出信号取决于_____。

（4）组合逻辑电路的输出只与当时的_____状态有关，而与电路_____的输入状态无关。它的基本单元电路是_____。

（5）全加器是一种实现_____功能的逻辑电路。

（6）共阴 LED 数码管应与输出_____电平有效的译码器匹配。

（7）一个班级有 78 位学生，现采用二进制编码器对每位学生进行编码，则编码器输出至少 _____ 位二进制数才能满足要求。

（8）如果对键盘上 108 个符号进行二进制编码，则至少要_____位二进制数码。

（9）如图 3.2 所示的四路选择器中，当 $EI=0$ 时，如果 $AB=00$，$L=$ _____；当 $BA=10$ 时，$L=$ _____。

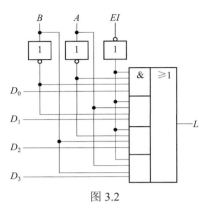

图 3.2

（10）2 线/4 线二进制译码器的功能表如表 3.1 所示，欲将其改为四路分配器使用，应将使能端 EI 接_____，而输入端 A、B 作为_____端。

表 3.1

输　　入			输　　出			
EI	A	B	Y_0	Y_1	Y_2	Y_3
1	×	×	0	0	0	0
0	0	0	1	0	0	0
0	0	1	0	1	0	0
0	1	0	0	0	1	0
0	1	1	0	0	0	1

（11）从一组输入数据中选出一个作为数据传输的逻辑电路叫作_____。

（12）由加法器构成的代码变换电路如图 3.3 所示。若输入信号 $D_3D_2D_1D_0$ 为 8421BCD 码，则输出端 $L_3L_2L_1L_0$ 是_____代码。

（13）如图 3.4 所示电路中，$L_1=$ _____；$L_2=$ _____；$L_3=$ _____。

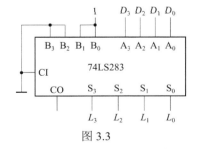

图 3.3

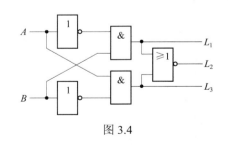

图 3.4

（14）消除竞争–冒险的方法有_____、_____、_____。

3. 判断题

（1）组合逻辑电路简称组合电路，这种电路的特点是：电路中的某一输出端在某一时刻的输出状态仅由该时刻的电路输入端状态决定，与电路原状态无关。组合逻辑电路不具有记

忆功能。　　　　　　　　　　　　　　　　　　　　　　　　　　　　　　　　　（　　）

（2）组合逻辑电路包括：基本运算器电路、比较器电路、判奇偶电路、数据选择器、编码器电路、译码器电路、显示器电路。　　　　　　　　　　　　　　　　　　　（　　）

（3）由逻辑门构成的电路是组合逻辑电路。　　　　　　　　　　　　　　　（　　）

（4）二进制译码器相当于是一个最小项发生器，便于实现组合逻辑电路。　（　　）

（5）优先编码器的编码信号是相互排斥的，不允许多个编码信号同时有效。（　　）

（6）编码与译码是互逆过程。　　　　　　　　　　　　　　　　　　　　　（　　）

（7）一函数发生器电路如图 3.5 所示，其输出所表示的函数式为 $L = \overline{\overline{C}\,\overline{B}\,\overline{A}} + \overline{\overline{C}B\,\overline{A}} + \overline{CB\overline{A}}$ 。
　　　　　　　　　　　　　　　　　　　　　　　　　　　　　　　　　　　（　　）

（8）如图 3.6 所示电路实现逻辑函数 $L = \overline{A}B\overline{C} + A\overline{B}\,\overline{C} + A\overline{B}C$ 。　　　　（　　）

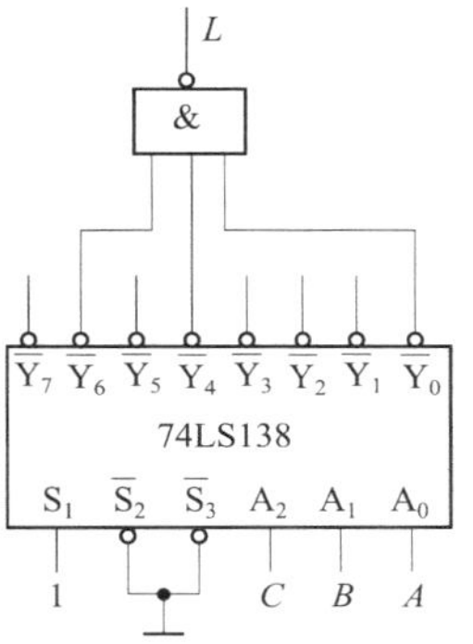

图 3.5

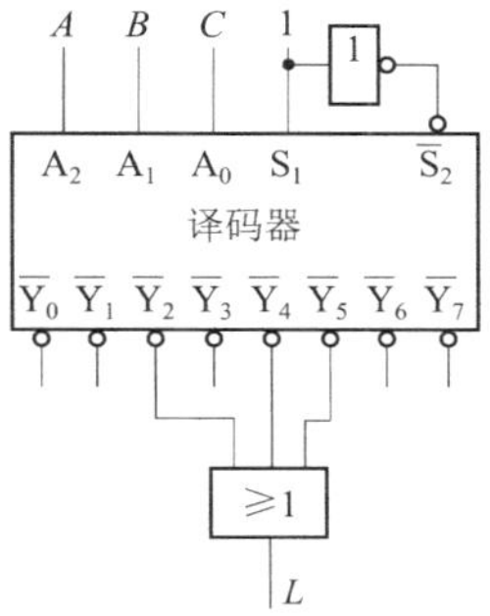

图 3.6

（9）译码器，顾名思义就是把高、低电平信号翻译成二进制代码。　　　　（　　）

（10）用数据选择器可实现时序逻辑电路。　　　　　　　　　　　　　　　（　　）

（11）数据选择器又称为多路选择器或多路开关电路，这种电路相当于一个单刀单掷选择开关电路，当有控制信号时，该选择器处于接通状态，传输数据，相当于开关的接通状态；当没有控制信号时，该选择器处于断开状态，此时不能传输数据。　　　　　　　　（　　）

（12）数据分配器与数据选择器的功能相反，它能将一个数据分配到许多通道电路中。
　　　　　　　　　　　　　　　　　　　　　　　　　　　　　　　　　　　（　　）

（13）数码管主要有三大类：一是字形重叠式数码管，二是分段式数码管，三是点矩阵式数码显示器件。分段式数码管将一个数字分成若干个笔画，通过驱动相应的笔画发光来显示某一个数字，荧光数码管就是这种类型的数码管。分段式数码管有八段式和七段式两种，在数字显示方面，分段式数码管是主要显示器件。　　　　　　　　　　　　　　（　　）

（14）数字式显示电路主要由译码器、驱动器电路和显示器三部分组成。译码器电路要将二进制数码转换成数码管能够接收的控制信号，驱动电路的作用是加大这一控制信号，显示器显示十进制数字或其他字符。　　　　　　　　　　　　　　　　　　　　　（　　）

（15）液晶显示器的优点是功耗极小，工作电压低。　　　　　　　　　　（　　）

（16）液晶显示器可以在完全黑暗的工作环境中使用。　　　　　　　　　（　　）

（17）共阴接法发光二极管数码显示器需选用有效输出为高电平的七段显示译码器来驱动。　　　　　　　　　　　　　　　　　　　　　　　　　　　　　　　　　　（　　）

（18）数值比较器在比较两个多位数的大小时，是按照从低位到高位的顺序逐位比较的。
（   ）

（19）大小比较器电路有三个输出端，一是 $A=B$ 输出端，二是 $A>B$ 输出端，三是 $A<B$ 输出端。对于多位比较器，在进行比较时，从最高位向下一位一位地比较，当比较到哪一位有结果时便有输出信号，若比较完最后一位仍然是相等的话，就是 $A=B$ 输出端输出有效电平。
（   ）

（20）函数 $L=F（A、B、C）$ 的波形如图 3.7 所示，它代表的逻辑函数为奇校验器的输出。
（   ）

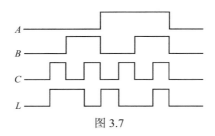

图 3.7

（21）在组合逻辑电路中，由竞争产生的险象是一种瞬间的错误现象。（   ）

（22）组合逻辑电路中产生竞争-冒险的主要原因是输入信号受到尖峰干扰。（   ）

4. 分析题

（1）电路如图 3.8 所示，写出输出 L_1、L_2 的逻辑表达式，说明电路的逻辑功能。

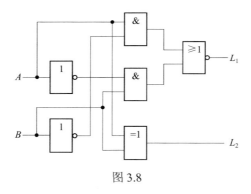

图 3.8

（2）如图 3.9 所示电路中 C_1 和 C_2 为使能端，C_1 和 C_2 为不同组合时，写出输出 L 的逻辑表达式，说明电路的逻辑功能。

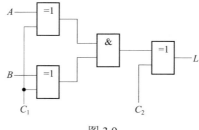

图 3.9

（3）如图 3.10 所示电路为一多功能函数发生器电路，共有 8 种逻辑功能，其中 A、B 为输入，L 为输出，$G_1 \sim G_3$ 为多功能函数发生器控制端。试写出 L 的表达式，并列出真值表，说明 G_1、G_2、G_3 为各种取值时电路的逻辑功能（即输入与输出的逻辑关系）。

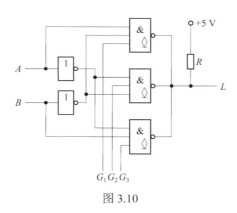

图 3.10

（4）电路如图 3.11 所示，写出 L 的逻辑函数式，列出真值表，说明电路的功能。

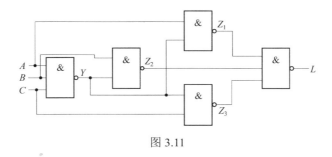

图 3.11

（5）电路如图 3.12 所示，写出 L 的逻辑函数式，列出真值表，说明电路的功能。

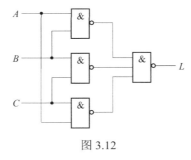

图 3.12

（6）已知逻辑电路如图 3.13 所示，写出 L_1、L_2 的逻辑表达式，列出真值表，说明电路的逻辑功能。

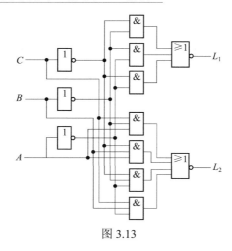

图 3.13

（7）已知逻辑电路如图 3.14 所示，写出输出 L_1、L_2 的逻辑表达式，化为最简与或式，列出真值表，说明电路的逻辑功能。

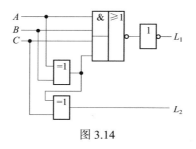

图 3.14

（8）已知逻辑电路如图 3.15 所示，写出输出 L_1、L_2 的逻辑表达式并化为最简与或式，列出真值表，说明电路的逻辑功能。

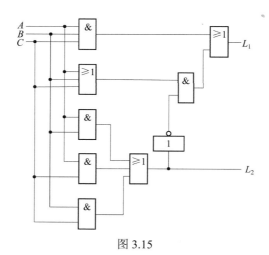

图 3.15

（9）已知逻辑电路如图 3.16 所示，写出输出 L_1、L_2、L_3 的逻辑表达式并化为最简与或式，列出真值表，说明电路的逻辑功能。

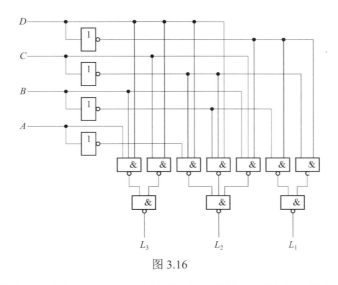

图 3.16

（10）已知逻辑电路如图 3.17 所示，写出输出 L 的逻辑表达式，说明电路的逻辑功能。

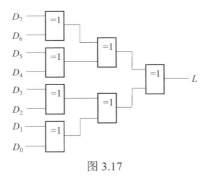

图 3.17

（11）已知逻辑电路如图 3.18 所示，根据 74LS138 的功能，写出输出 L_1、L_2 的逻辑函数式，列出真值表，说明电路的逻辑功能。

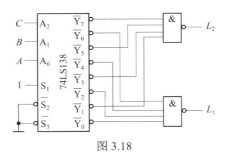

图 3.18

（12）已知逻辑电路如图 3.19 所示，根据 74LS138 的功能，写出四个输出 L_1、L_2、L_3、L_4 的逻辑函数式，并化为最简形式。

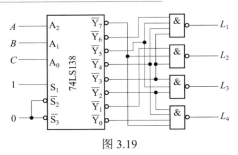

图 3.19

（13）74LS151 为 8 选 1 数据选择器，$A_2A_1A_0$ 为地址端，片选端 S 为低电平有效，Y 端为同相输出。连接的电路如图 3.20 所示。写出 74LS151 的 Y 与 A_i（$i=0\sim2$）、D_i（$i=0\sim7$）的关系式，并写出输出函数 L 的表达式。

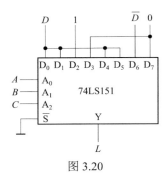

图 3.20

（14）已知逻辑电路如图 3.21 所示，CC4512 为 8 选 1 数据选择器，它的逻辑功能见表 3.2。分析电路，写出输出 L 的逻辑函数式，并化为最简与或式。

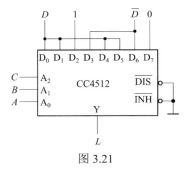

图 3.21

表 3.2

DIS	INH	A_2	A_1	A_0	Y
0	0	0	0	0	D_0
0	0	0	0	1	D_1
0	0	0	1	0	D_2
0	0	0	1	1	D_3
0	0	1	0	0	D_4
0	0	1	0	1	D_5

DIS	INH	A_2	A_1	A_0	Y
0	0	1	1	0	D_6
0	0	1	1	1	D_7
0	1	×	×	×	0
1	×	×	×	×	高阻

（15）如图 3.22 所示电路是用两个 4 选 1 数据选择器组成的逻辑电路，4 选 1 数据选择器的逻辑函数式为 $Y = [D_0\overline{A_1}\,\overline{A_0} + D_1\overline{A_1}A_0 + D_2A_1\overline{A_0} + D_3A_1A_0]\cdot S$。分析电路，写出输出 L 与输入 M、N、P、Q 之间的逻辑函数式，并化为最简与或式。

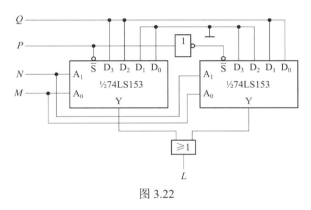

图 3.22

（16）中规模组件组成的电路如图 3.23 所示，8421BCD 码译码器输入及输出均为高电平有效，8 选 1 数据选择器功能表见表 3.3。电路中 $A_2A_1A_0$、$B_2B_1B_0$ 及 S 为输入端，L 为输出端。分析该电路结构，并指出是什么功能的电路。

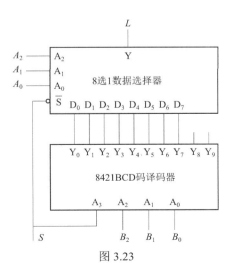

图 3.23

表 3.3

$\bar{S}$	A_2	A_1	A_0	Y
0	0	0	0	D_0
0	0	0	1	D_1
0	0	1	0	D_2
0	0	1	1	D_3
0	1	0	0	D_4
0	1	0	1	D_5
0	1	1	0	D_6
0	1	1	1	D_7
1	$\times$	$\times$	$\times$	0

5. 设计题

（1）用与非门设计四变量的多数表决电路。要求当输入有 3 个或 3 个以上为 1 时，输出为 1；输入为其他状态时，输出为 0。

（2）用或非门设计一个组合电路。要求输入为 8421BCD 码，当输入数能被 4 整除时，输出 L 为 1，其他情况下输出 L 为 0，0 可被任何数整除。要求有设计过程，最后给出电路图。

（3）用门电路设计一个电动机工作状态指示电路，具体要求为：若两台电动机同时工作，绿灯亮；若一台电动机发生故障，黄灯亮；若两台电动机同时发生故障，红灯亮。要求有设计过程，最后给出电路图。

（4）某工厂有 A、B、C 三个车间和一个自备电站，站内有两台发电机 G1 和 G2。如果一个车间开工，只需 G2 运行即可满足要求；如果两个车间开工，只需 G1 运行；如果三个车间同时开工，则 G1 和 G2 均需运行。用与非门电路设计控制 G1 和 G2 运行的逻辑图，要求最少的与非门，有设计过程。

（5）有一水箱由大、小两台水泵 M_L 和 M_S 供水，如图 3.24 所示。水箱中设置了 3 个水位检测元件 A、B、C。水面低于检测元件时，检测元件给出高电平；水面高于检测元件时，检测元件给出低电平。现要求当水位超过 C 点时水泵停止工作；水位低于 C 点而高于 B 点时 M_S 单独工作；水位低于 B 点而高于 A 点时 M_L 单独工作；水位低于 A 点时 M_L 和 M_S 同时工作。要求用最少门电路元件设计一个控制两台水泵的逻辑电路，要有设计过程。

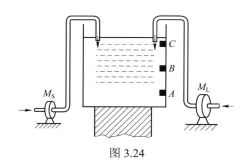

图 3.24

（6）某医院有一、二、三、四号病室 4 间，每室设有呼叫按钮，分别是 A_1、A_2、A_3、A_4，同时在护士值班室内对应有一号、二号、三号、四号 4 个指示灯 L_1、L_2、L_3、L_4。现要求当一号病室的按钮按下 A_1 时，无论其他病室的按钮是否按下，只有 L_1 灯亮。当 A_1 按钮没有按下而 A_2 按钮按下时，无论按钮 A_3、A_4 是否按下，只有 L_2 灯亮。当按钮 A_1、A_2 都未按下而按钮 A_3 按下时，无论按钮 A_4 是否按下，只有 L_3 灯亮。当按钮 A_1、A_2、A_3 均未按下而按下按钮 A_4 时，L_4 灯亮。用优先编码器 74HC148 和门电路设计满足上述控制要求的逻辑电路，给出四个指示灯状态的高、低电平信号。

（7）用 74LS138 和门电路实现逻辑函数 $L = \overline{A}\,\overline{B}C + \overline{A}B\overline{C} + ABC$，要求写出设计过程，画出电路连接图。

（8）用 74LS138 和门电路实现逻辑函数 $L = AB + \overline{A}C$，要求写出设计过程，画出电路连接图。

（9）用 74LS138 和门电路实现多输出逻辑函数 $\begin{cases} L_1 = AC \\ L_2 = \overline{A}\,\overline{B}C + A\overline{B}\,\overline{C} + BC \\ L_3 = \overline{B}\,\overline{C} + AB\overline{C} \end{cases}$，要求写出设计过程，画出电路连接图。

（10）用 74LS138 译码器和门电路设计 1 位二进制加/减法器电路，加法器输入为被加数、加数和来自低位的进位，输出为两数之和及向高位的进位信号；减法器输入为被减数、减数和来自低位的借位，输出为两数之差和向高位的借位信号。要求写出设计过程，画出电路的逻辑图。

（11）74LS154 的逻辑框图如图 3.25 所示，图中的 $\overline{S_1}$、$\overline{S_2}$ 是两个控制端，译码器工作时应使 $\overline{S_1}$、$\overline{S_2}$ 同时为低电平。当输入信号 $A_3A_2A_1A_0$ 为 0000～1111 这 16 种状态时，输出端从 $\overline{Y_0}$ 到 $\overline{Y_{15}}$ 依次给出低电平输出信号。设计用 4 线/16 线译码器 74LS154 组成 5 线/32 线译码器，需要几片 74LS154？画出电路接线图，并标出所有输入、输出变量。

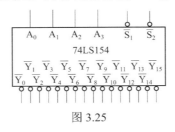

图 3.25

（12）用 4 线/16 线译码器 74LS154 产生如下多输出逻辑函数

$$\begin{cases} L_1 = \overline{A}\,\overline{B}\,\overline{C}D + \overline{A}\,\overline{B}C\overline{D} + \overline{A}BC\,\overline{D} + A\overline{B}\,\overline{C}\,\overline{D} \\ L_2 = \overline{A}BCD + A\overline{B}CD + AB\overline{C}D + ABC\overline{D} \\ L_3 = \overline{A}B \end{cases}$$

要求写出设计过程，画出电路逻辑图。

（13）用 8 选 1 数据选择器 74LS151 产生逻辑函数 $L = AB\overline{C} + \overline{A}BC + \overline{A}\,\overline{B}$。要求写出 74LS151 的输入、输出关系，确定数据线及选择线信号，画出电路连接逻辑图。

（14）8 选 1 数据选择器 CC4512 的逻辑功能见表 3.2。要求写出 CC4512 的输入、输出关系，用它产生逻辑函数 $L = A\overline{C}D + \overline{A}\,\overline{B}CD + BC + B\overline{C}\,\overline{D}$，确定数据线及选择线信号，画出电路连接逻辑图。

（15）8 选 1 数据选择器 CC4512 的功能表见表 3.2。要求写出 CC4512 的输入、输出关系，用它产生逻辑函数 $Y = AC + \overline{A}B\overline{C} + \overline{A}\,BC$，确定数据线及选择线信号，画出电路连接逻辑图。

（16）用数据选择器 74LS151 设计一个电灯三地控制的逻辑电路。要求用三个开关控制一个电灯，当改变任何一个开关的状态时都能控制电灯由亮变灭或由灭变亮。设开关的初始状态为断开，电灯的初始状态为灭。写出设计过程，画出控制电灯的逻辑图。

（17）用 8 选 1 数据选择器 CC4512 设计一个组合逻辑电路。该电路有 3 个输入逻辑变量 A、B、C 和 1 个工作状态控制变量 M。当 $M=0$ 时，电路实现"意见一致"功能（即 A、B、C 状态一致时输出为 1，否则，输出为 0）；当 $M=1$ 时，电路实现"多数表决"功能（即输出与 A、B、C 中多数的状态一致）。写出设计过程，画出控制电路的逻辑图。

（18）用一片 4 位并行加法器 74LS283 将余 3 码转换成 8421BCD 码的二—十进制代码。说明设计过程，画出电路连接图。

（19）用 4 位并行加法器 74LS283 设计一个加/减运算电路。当控制信号 $M=0$ 时，它将两个输入的 4 位二进制数相加；当 $M=1$ 时，它将两个输入的 4 位二进制数相减。允许附加必要的门电路。说明设计原理，画出电路原理图并举例说明。

第 4 章

时序逻辑电路

4.1 内 容 总 结

1. 时序逻辑电路

（1）结构：包括组合电路部分和存储部分（存储部分是必须有的），有反馈路径。

（2）电路信号：外部有输入、输出信号，内部有激励信号、状态变量。

（3）电路方程：激励方程、状态方程、输出方程。

（4）种类：按时钟分为同步电路、异步电路，按输入、输出信号关系分为米里型、莫尔型。

（5）逻辑功能描述方法：状态转换表、状态转换图、时序图。

2. 时序逻辑电路分析

（1）分析电路组成：确定组合电路部分和存储电路部分。

（2）列写激励方程：写出每个触发器输入信号的逻辑函数式。

（3）列写状态方程：将激励方程代入触发器的特性方程，得到每个触发器的状态方程。

（4）列写输出方程：根据逻辑图写出电路的输出方程。

（5）列状态转移表、画状态转换图或时序图：根据状态方程、输出方程，列状态转移表，画出状态转换图或时序图。

（6）分析逻辑功能：根据状态转换图或时序图说明电路的逻辑功能。

3. 寄存器

（1）种类：普通寄存器、移位寄存器。

（2）集成寄存器器件：

① 普通寄存器 CC4076，具有寄存、清零、保持、高阻功能，用来存储 4 位二值代码。

② 4 位双向移位寄存器 74LS194，具有寄存、清零、保持、左移、右移五种功能，可以扩展成多位双向移位寄存器，用来构成循环移位型计数器、串行/并行转换器等。

4. 计数器

（1）作用：累计输入脉冲的个数，用作数字系统的定时、分频、产生节拍脉冲等。

（2）种类：有多种分类方法，常用的有同步二进制加法或可逆计数器、同步十进制加法或可逆计数器。

（3）结构：由触发器和门电路构成。

（4）集成计数器器件：

① 同步十六进制计数器 74LS161，具有异步清零、同步置数、保持数据、加法计数功能。

② 同步十进制计数器 74LS160，具有异步清零、同步置数、保持数据、加法计数功能。

③ 同步十进制可逆计数器 74LS192，具有异步清零、异步置数、加法计数、减法计数功能。

④ 异步计数器 74LS290，具有二—五—十可变进制，置9、置0功能。

（5）任意进制计数器：假设现在有 N 进制计数器产品，但需要 M 进制计数器。

① $M<N$ 时，需要一片 N 进制计数器。置零法（同步、异步），置数法（同步、异步）。

② $M>N$ 时，需要多片 N 进制计数器。置零法（同步、异步），置数法（同步、异步）。

M 可以分解为 $M=N_1 \times N_2$ 时，多级之间可以采用串行进位方式、并行进位方式、整体置数法、整体清零法。

M 不能分解时，多级之间只能采用整体置数法、整体清零法。

（6）一般时序逻辑电路设计：

① 逻辑抽象，画出原始状态转换图。

② 状态化简，画出最简状态转换图。

③ 状态分配，列状态编码表。

④ 确定触发器的数量及类型。

⑤ 画出电路的状态/输出总卡诺图，写输出方程和驱动方程。

⑥ 画出逻辑图。

⑦ 检查电路能否自启动。

（7）顺序脉冲发生器设计：

① 由环形计数器构成。

② 由计数器+译码器构成。

（8）序列信号发生器设计：比较简单的方法是由计数器+数据选择器构成。

方法：根据周期性串行数据的个数选择计数器的模值，由串行数据的数值确定数据选择器的规模及数据端状态。

本章重点：一般时序逻辑电路分析、寄存器及移位寄存器应用、由 74LS161 和 74LS160 构成任意进制计数器、顺序脉冲发生器设计、序列信号发生器设计。

4.2 习　　题

1. 选择题（单选或多选）

（1）具有记忆和存储功能的电路属于时序逻辑电路，故_____电路是时序逻辑电路。

    A. 译码器　　　　B. 寄存器　　　　　C. 多位加法器　　　D. 计数器

（2）下列逻辑电路中为时序逻辑电路的是_____。

    A. 变量译码器　　B. 触发器　　　　　C. 移位寄存器　　　D. 数据选择器

（3）下列电路中，不属于时序逻辑电路的是_____。

    A. 译码器　　　　B. 全加器　　　　　C. 数码寄存器　　　D. 分频器

（4）下列电路中，不属于时序逻辑电路的是_____。

    A. 计数器　　　　B. 数据选择器　　　C. 译码器　　　　　D. 触发器

（5）下列电路中，不属于时序逻辑电路的是_____。

    A. 计数器   B. 寄存器   C. 数据比较器   D. 触发器

（6）下列电路中，不属于组合逻辑电路的是_____。

    A. 译码器   B. 全加器   C. 寄存器   D. 计数器

（7）下列电路中，不属于组合逻辑电路的是_____。

    A. 译码器   B. 全加器   C. 累加器   D. 编码器

（8）下列电路中，属于组合逻辑电路的部件是_____。

    A. 编码器   B. 移位寄存器   C. 触发器   D. 十进制计数器

（9）下列逻辑电路中为时序逻辑电路的是_____。

    A. 变量译码器   B. 加法器   C. 数码寄存器   D. 数据选择器

（10）同步时序电路和异步时序电路比较，其差异在于后者_____。

    A. 没有触发器   B. 没有统一的时钟脉冲控制

    C. 没有稳定状态   D. 输出只与内部状态有关

（11）同步计数器和异步计数器比较，同步计数器的显著优点是_____。

    A. 工作速度高   B. 触发器利用率高

    C. 电路简单   D. 不受时钟 CP 控制

（12）N 个触发器可以构成最大计数长度（进制数）为_____的计数器。

    A. N B. $2N$ C. N^2 D. 2^N

（13）某计数器的状态转换图如图 4.1 所示，其计数的容量为_____。

    A. 8   B. 5   C. 4   D. 3

（14）在某个计数器输出端观察到的波形如图 4.2 所示，计数器的模是_____。

    A. 5   B. 6   C. 7   D. 9

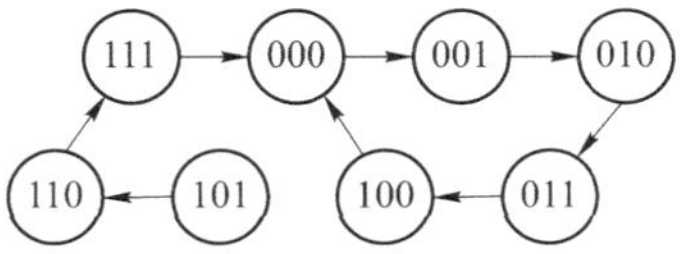

图 4.1

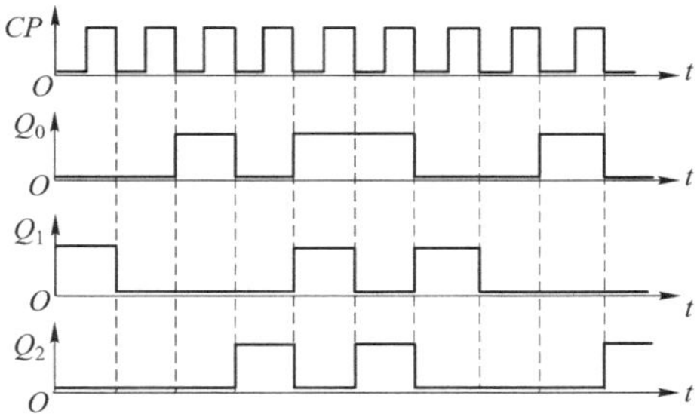

图 4.2

（15）欲设计 0，1，2，3，4，5，6，7 这几个数的计数器，如果设计合理，采用同步二进制计数器，最少应使用_____个触发器。

    A. 2   B. 3   C. 4   D. 8

（16）在异步二进制计数器中，计数从 0 至 144，需要_____个触发器。

    A. 4   B. 8   C. 6   D. 10

（17）用二进制异步计数器从 0 做加法，计到十进制数 178，则最少需要_____个触发器。

    A. 2   B. 6   C. 7   D. 8   E. 10

（18）一个五位的二进制加法计数器，由 00000 状态开始，问经过 169 个输入脉冲后，此计数器的状态为_____。

　　A. 00111　　　　　B. 00101　　　　　C. 01000　　　　　D. 01001

（19）某电视机水平－垂直扫描发生器需要一个分频器将 31 500 Hz 的脉冲转换为 60 Hz 的脉冲，欲构成此分频器至少需要_____个触发器。

　　A. 10　　　　　B. 31 500　　　　　C. 60　　　　　D. 525

（20）已知时钟脉冲频率为 f_{CP}，要得到频率为 $0.2f_{CP}$ 的矩形波，可采用_____。

　　A. 555 定时器　　　　　　　　　　　B. 五位二进制计数器

　　C. 五进制计数器　　　　　　　　　　D. 五位扭环形计数器

（21）要将方波脉冲的周期扩展 10 倍，可采用 _____。

　　A. 10 级施密特触发器　　　　　　　　B. 10 位二进制计数器

　　C. 十进制计数器　　　　　　　　　　D. 10 位 D/A 转换器

（22）N 个触发器可以构成能寄存_____位二进制数码的寄存器。

　　A. $N-1$　　　　　B. N　　　　　C. $N+1$　　　　　D. $2N$

（23）一位 8421BCD 码计数器至少需要_____个触发器。

　　A. 3　　　　　B. 4　　　　　C. 5　　　　　D. 10

（24）五个 D 触发器构成环形计数器，其计数长度为_____。

　　A. 5　　　　　B. 10　　　　　C. 25　　　　　D. 32

（25）同样是由四个触发器构成的计数器，就状态利用率而言，最高的是_____，最低的是_____。

　　A. 十进制计数器　　　　　　　　　　B. 二进制计数器

　　C. 环形计数器　　　　　　　　　　　D. 二一五一十进制计数器

（26）把一个五进制计数器与一个四进制计数器串联可得到_____进制计数器。

　　A. 4　　　　　B. 5　　　　　C. 9　　　　　D. 20

（27）要产生 10 个顺序脉冲，若用四位双向移位寄存器 CT74LS194 来实现，至少需要_____片。

　　A. 3　　　　　B. 4　　　　　C. 5　　　　　D. 10

（28）8 位移位寄存器，串行输入时经_____个脉冲后，8 位数码全部移入寄存器中。

　　A. 1　　　　　B. 2　　　　　C. 4　　　　　D. 8

（29）下列电路中能够把串行数据变成并行数据的电路是_____。

　　A. JK 触发器　　　　　　　　　　　B. 3/8 线译码器

　　C. 移位寄存器　　　　　　　　　　　D. 十进制计数器

（30）有一个左移移位寄存器，当预先置入 1011 后，其串行输入固定接 0，在 4 个移位脉冲 CP 作用下，四位数据的移位过程是_____。

　　A. 1011—0110—1100—1000—0000　　B. 1011—0101—0010—0001—0000

　　C. 1011—1100—1101—1110—1111　　D. 1011—1010—1001—1000—0111

（31）某移位寄存器的时钟脉冲频率为 100 kHz，欲将存放在该寄存器中的数左移 8 位，完成该操作需要_____时间。

　　A. 10 μs　　　　　B. 80 μs　　　　　C. 100 μs　　　　　D. 800 ms

（32）下列各种类型的触发器中，_____不能用来构成移位寄存器。

　　A. 维持阻塞 JK 触发器　　　　　　　B. 同步 SR 触发器

　　　　C. 边沿 *JK* 触发器　　　　　　　　　　D. 维持阻塞 *D* 触发器

2. 填空题

（1）数字电路按照是否有记忆功能通常可分为两类：_____、_____。

（2）时序逻辑电路在任一时刻的输出不仅取决于_____，而且还取决于电路_____。

（3）时序逻辑电路在结构上包含_____和_____两部分。

（4）时序逻辑电路按其是否有统一的时钟控制分为____时序电路和____时序电路。

（5）同步时序逻辑电路中，所有触发器状态的变化都是在_____操作下同步进行的，异步时序电路中，各触发器的时钟信号_____，因而触发器状态的变化并不都是同时发生的，且有先有后。

（6）全面描述一个时序电路的功能，必须使用三个方程式，它们是_____、_____和_____。

（7）描述时序电路的逻辑功能，除逻辑方程之外，还有另外三种方法，它们是_____、_____和_____。

（8）用来表示时序电路状态转换规律及输入、输出关系的有向图称为_____。

（9）某时序电路的状态图如图 4.3 所示，图中_____状态和_____状态等价。

（10）某时序电路的状态图如图 4.4 所示，该电路至少需用_____个触发器，至少需要_____个输入端。

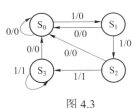　　　　　　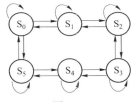

图 4.3　　　　　　　　　　　　　　　　　图 4.4

（11）若最简状态图中的状态数为 10，则所需的状态变量数至少应为_____ 。

（12）计数器按计数增减趋势分为_____ 和 _____ 计数器。

（13）某计数器中 3 个触发器输出端 Q_0、Q_1、Q_2 的输出信号波形如图 4.5 所示，由波形图可知该计数器是模_____ 计数器。

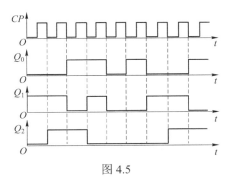

图 4.5

（14）某时序电路的状态转换表见表 4.1，该电路是模_____计数器，电路____自启动。

表 4.1

现　　态			次　　态			输出
Q_2^n	Q_1^n	Q_0^n	Q_2^{n+1}	Q_1^{n+1}	Q_0^{n+1}	L
0	0	0	0	0	1	0
0	0	1	0	1	0	0
0	1	0	0	1	1	0
0	1	1	1	0	0	0
1	0	0	0	0	0	1
1	0	1	1	1	0	0
1	1	0	0	1	0	1
1	1	1	1	0	1	0

（15）如图 4.6 所示某数字电路的方框图，其中各方框中均是用计数器分频器，则 A 处的频率是_____，B 处的频率是 _____，L 处的频率是_____ 。

（16）某时序电路如图 4.7 所示，若在输出端 L 得到 10 kHz 的矩形波，则该电路时钟脉冲 CP 的频率是_____。

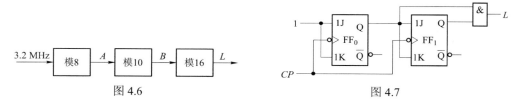

图 4.6　　　　　　　　　　　　图 4.7

（17）某移位寄存器的时钟脉冲频率为 10 kHz，欲将存放在该寄存器中的数左移 8 位，完成该操作需要_____时间。

（18）由四位移位寄存器构成的顺序脉冲发生器可产生_____个顺序脉冲。

（19）寄存器按照功能不同可分为两类：_____寄存器和_____寄存器。

3. 判断题

（1）所谓时序电路就是在组合逻辑电路的基础上再加输出端与输入端之间的反馈回路，并在反馈回路中设有存储单元电路而构成的电路。　　　　　　　　（　　）

（2）时序电路不含有记忆功能的器件。　　　　　　　　　　　　　　　　（　　）

（3）组合电路含有记忆功能的器件。　　　　　　　　　　　　　　　　　（　　）

（4）时序电路特点是在任意时刻的输出信号不仅取决于该时刻输入信号的状态，而且还取决于电路原来的状态。　　　　　　　　　　　　　　　　　　　　（　　）

（5）数字逻辑电路的共同特点是：任何时刻的输出仅取决于当时的输入。　（　　）

（6）一般情况下时序电路中的存储单元由 SR 触发器或 JK 触发器、D 触发器构成。

　　　　　　　　　　　　　　　　　　　　　　　　　　　　　　　　（　　）

（7）时序电路主要有寄存器电路、计数器电路等。　　　　　　　　　　　（　　）

（8）在同步时序电路中存储电路的各触发器都受同一时钟脉冲 CP 的触发控制，因此所有触发器的状态变化都在同一时刻发生，如在时钟脉冲 CP 的上升沿或下降沿发生翻转。
（　　）

（9）如果一个时序电路中的存储电路受统一时钟信号控制，则属于同步时序电路。
（　　）

（10）同步时序电路由组合电路和存储器两部分组成。（　　）

（11）异步时序电路的各级触发器类型不同。（　　）

（12）异步时序电路中存储电路的各触发器没有统一时钟脉冲,因此各触发器状态翻转变化不是发生在同一时刻。（　　）

（13）译码器、计数器、全加器、顺序脉冲发生器都是时序逻辑电路。（　　）

（14）译码器、计数器、全加器、顺序脉冲发生器不都是组合逻辑电路。（　　）

（15）由于每个触发器有两种稳态，因此，存储 8 位二进制数码需要四个触发器。
（　　）

（16）计数器是数字系统电路中应用最为广泛的基本部件,因为数字系统电路中的许多电路需要具有脉冲计数功能，计数器就是能够对输入脉冲进行加法计数或减法计数。（　　）

（17）计数器除进行脉冲计数运用外，没有其他作用。（　　）

（18）计数器的模是指输入的计数脉冲的最多个数。（　　）

（19）计数器的模是指构成计数器的触发器的个数。（　　）

（20）所谓异步计数器指计数脉冲是从最低位触发器的输入端输入,其他各级触发器则是由低位的触发器来触发。（　　）

（21）异步计数器中的各触发器没有统一的计数脉冲触发。（　　）

（22）同步计数器指计数器中的各触发器都由同一计数脉冲触发,计数器中的各触发器输出状态改变与脉冲源同步。（　　）

（23）D 触发器的特征方程为 $Q^{n+1} = D$，与 Q 无关，所以 D 触发器不是时序电路。
（　　）

（24）在同步时序电路的设计中，若最简状态表中的状态数为 2^N，而又是用 N 级触发器来实现其电路，则无须检查电路的自启动性。（　　）

（25）环形计数器如果不做自启动修改，则总有孤立状态存在。（　　）

（26）环形计数器在每个时钟脉冲 CP 作用时，仅有一位触发器发生状态更新。（　　）

（27）同步二进制计数器的电路比异步二进制计数器复杂,所以实际应用中较少使用同步二进制计数器。（　　）

（28）把一个五进制计数器与一个十进制计数器串联可得到十五进制计数器。（　　）

（29）利用反馈归零法获得 N 进制计数器时，若为异步置零方式，则状态 S_N 只是短暂的过渡状态，不能稳定而是立刻变为 0 状态。（　　）

（30）用反馈清零法实现任意进制计数器必须采用二进制计数器芯片,而不能采用十进制计数器芯片。（　　）

（31）一个五位的二进制加法计数器，由 00000 状态开始，经过 75 个输入脉冲后，此计数器的状态为 01011。（　　）

（32）在五进制计数器电路中要用五个触发器才行，在三进制计数器电路中要用三个

触发器。　　　　　　　　　　　　　　　　　　　　　　　　　　　　　　　　　（　　）

（33）寄存器由触发器组成，一个触发器能存放一位二进制数码，如果需要存放几位数码就要使用几个触发器。　　　　　　　　　　　　　　　　　　　　　　　　　　　（　　）

（34）寄存器主要有两大类：一是数码寄存器，二是移位寄存器。两种寄存器的不同之处是后者能够对存放的数码进行左移或右移，但一个移位寄存器不能做到既能左移又能右移。
　　　　　　　　　　　　　　　　　　　　　　　　　　　　　　　　　　　　　（　　）

（35）设计一个同步模 5 递增计数器，需要 5 个触发器。　　　　　　　　　　　（　　）

（36）利用计数器，电路可以对输入脉冲信号进行分频。　　　　　　　　　　　（　　）

（37）所谓分频就是降低输入脉冲信号的频率。　　　　　　　　　　　　　　　（　　）

（38）输入脉冲信号的频率是 10 MHz，当对其进行五分频后的频率就是 5 MHz。
　　　　　　　　　　　　　　　　　　　　　　　　　　　　　　　　　　　　　（　　）

（39）已知时钟频率为 f_{CP}，欲得到频率 $0.5f_{CP}$ 的矩形波，至少应该采用五位二进制计数器。　　　　　　　　　　　　　　　　　　　　　　　　　　　　　　　　　　（　　）

（40）同步计数器和异步计数器比较，同步计数器的显著优点是工作速度高。　（　　）

（41）减法计数器在进行减法计数时，若本位出现 $0-1$ 就得向高一位借 1，此时本位输出是 1。若出现 $1-1$ 就不必向高位借 1，也就没有借 1 信号输出，此时本位输出 0。
　　　　　　　　　　　　　　　　　　　　　　　　　　　　　　　　　　　　　（　　）

（42）应用移位寄存器能将正弦信号转换成与之频率相同的脉冲信号。　　　　（　　）

4. 分析题

（1）时序逻辑电路如图 4.8 所示，图中触发器为 TTL 结构。要求写出电路的激励方程、状态方程、状态转换表，画出状态转换图，说明电路的逻辑功能。

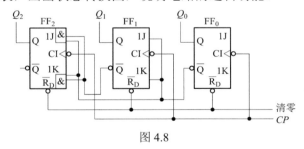

图 4.8

（2）时序逻辑电路如图 4.9 所示，写出电路的激励方程、状态方程、输出方程，画出状态转换图，说明电路的逻辑功能，分析电路能否自启动。

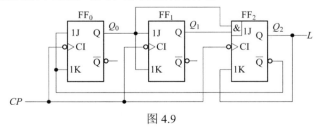

图 4.9

（3）时序逻辑电路如图 4.10 所示，写出电路的激励方程、状态方程、输出方程，画出状态转换图，说明电路的逻辑功能，分析电路能否自启动。

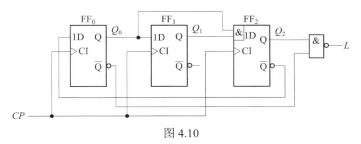

图 4.10

（4）时序逻辑电路如图 4.11 所示，图中触发器为 TTL 结构。要求写出电路的激励方程、状态方程、输出方程，画出状态转换图，说明电路的逻辑功能，分析电路能否自启动。

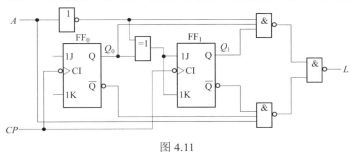

图 4.11

（5）逻辑电路如图 4.12 所示，分析电路的结构，若九个 D 触发器的初始值分别为：$A_3A_2A_1A_0=1010$，$B_3B_2B_1B_0=0111$，$Q=0$，分别经过一个脉冲、二个脉冲、三个脉冲、四个脉冲时，九个 D 触发器的输出分别是什么？此电路完成什么功能？

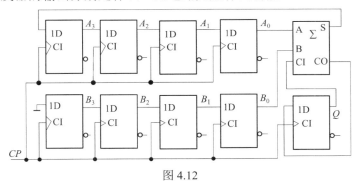

图 4.12

（6）74LS161 组成的电路如图 4.13 所示，分析电路，要求画出电路的状态转换图（$Q_3Q_2Q_1Q_0$），说出电路的功能。

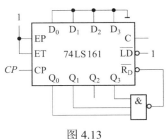

图 4.13

（7）74LS161 组成的电路如图 4.14 所示，分析电路，要求画出电路的状态转换图（$Q_3Q_2Q_1Q_0$），说出电路的功能。

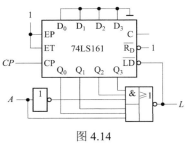

图 4.14

（8）74LS160 组成的电路如图 4.15 所示，分析电路，要求画出电路的状态转换图（$Q_3Q_2Q_1Q_0$），说出电路的功能。

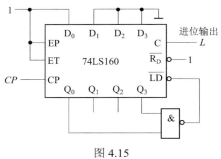

图 4.15

（9）74LS160 组成的电路如图 4.16 所示，分析电路，要求画出电路的状态转换图（$Q_3Q_2Q_1Q_0$），说出电路的功能。

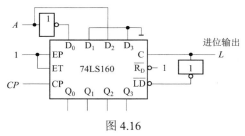

图 4.16

（10）74LS161 组成的电路如图 4.17 所示，分析电路，说明每片 74LS161 是多少进制的？两片之间是多少进制？两级之间采用的是什么连接方式？电路的分频比（即 L 与 CP 的频率之比）是多少？简要说明电路的状态。

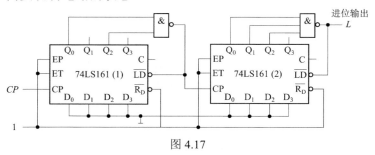

图 4.17

（11）74LS161 组成的电路如图 4.18 所示，分析电路，说明每片 74LS161 是多少进制的？两片之间是多少进制？两级之间采用的是什么连接方式？整个电路是多少进制的？简要说明电路的状态。

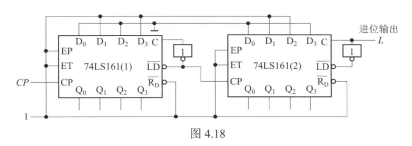

图 4.18

（12）74LS161 组成的电路如图 4.19 所示，分析电路，说明每片 74LS161 是多少进制的？两片之间是多少进制？两级之间及整个电路采用的是什么连接方式？整个电路是多少进制的计数器？用十进制数简要说明电路的状态。

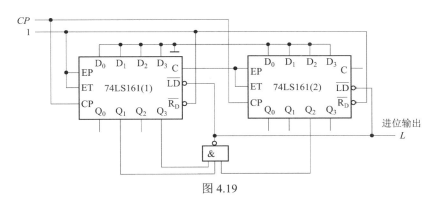

图 4.19

（13）74LS161 组成的电路如图 4.20 所示，分析电路，说明每片 74LS161 是多少进制的？两片之间是多少进制？两个计数器是用什么方式连接的？构成多少分频电路？输入信号频率为 16 MHz，分析它产生的输出信号 L 的周期是多少？

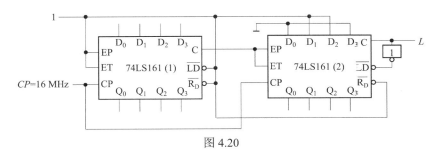

图 4.20

（14）74LS160 组成的电路如图 4.21 所示，分析电路，说明每片 74LS160 是多少进制的？两片之间是多少进制？整个电路是多少进制的计数器？用十进制数简要说明电路的状态。

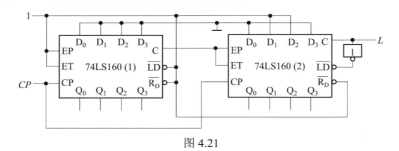

图 4.21

5. 设计题

（1）设计一个十三进制计数器，用什么器件实现？画出电路图，标出计数输入、进位输出端，可以附加必要的门电路。说明电路的计数状态。

（2）设计一个可控进制的计数器，当输入控制变量 $A=1$ 时工作在六进制，$A=0$ 时工作在十四进制，采用什么集成芯片设计？画出电路图，标出计数输入端、控制端、进位输出端，可以附加必要的门电路。说明电路的计数状态。

（3）利用置数法把同步十进制计数器 74LS160 设计成一个同步六进制计数器，要求简要说明设计方法。画出电路图，标出计数输入端、进位输出端，可以附加必要的门电路。画出电路的有效计数状态图。

（4）设计一个能用作数字电子钟分（或秒）计时的六十进制计数器，用什么器件实现比较简单？要求简要说明设计方法。画出电路图，标出输入端、进位输出端，可以附加必要的门电路。

（5）设计一个能用作数字电子钟日计时的二十四进制计数器，用什么器件实现比较简单？要求简要说明设计方法。画出电路图，标出输入端、进位输出端，可以附加必要的门电路。

（6）设计一个能用作数字电子钟年计时的三百六十五进制计数器，用什么器件实现比较简单？用几片？各片之间采用什么连接方式？要求简要说明设计方法。画出电路图，标出计数输入端、进位输出端，可以附加必要的门电路。

（7）用两片同步十进制计数器 74LS160 接成三十七进制计数器。问：每片接成多少进制？两片之间为多少进制？整体采用什么方法构成？画出电路图，标出计数脉冲输入端及进位输出端。

（8）用两片同步十进制计数器 74LS160 接成二十三进制计数器。问：每片接成多少进制？两片之间为多少进制？整体采用什么方法构成？画出电路图，标出计数脉冲输入端及进位输出端。

（9）设计一个红、绿、黄三种颜色灯光控制逻辑电路，要求红、绿、黄三种颜色的灯在时钟信号作用下按表 4.2 规定的顺序转换状态，表中的 1 表示亮，0 表示灭。要求用 161、138 及门电路实现，电路能自启动。写出设计过程，画出控制电灯的逻辑图。

表 4.2

CP 顺序	红灯	绿灯	黄灯
0	1	0	0
1	1	0	0

续表

CP 顺序	红灯	绿灯	黄灯
2	0	1	0
3	0	1	0
4	0	0	1
5	0	0	1
6	1	1	1
7	0	0	0
8	1	0	0

（10）用同步十六进制计数器 74LS161 和 4 线/16 线译码器 74LS154 设计节拍脉冲发生器，要求从 14 个输出端顺序、循环地输出等宽的负脉冲。说明设计过程，画出线路图。

（11）利用同步十进制计数器芯片 74LS160 和 8 选 1 数据选择器 74LS151 设计一个序列信号发生器，要求在一系列脉冲 *CP* 的作用下，能够周期性地输出"01001101"的序列信号。说明设计过程，画出电路图。

（12）用计数器和数据选择器 CC4512 设计一个序列信号发生器，使之在一系列 *CP* 信号作用下能周期性地输出"1010110100"的序列信号。说明设计过程，画出电路图。CC4512 功能见表 3.2。

（13）用计数器和数据选择器 74LS151 设计一个序列信号发生器，使之在一系列 *CP* 信号作用下能周期性地输出"10110101000"的序列信号。说明设计过程，画出电路图。

（14）用计数器和数据选择器 74LS151 设计一个序列信号发生器，使之在一系列 *CP* 信号作用下能周期性地输出"101101010111"的序列信号。说明设计过程，画出电路图。

第 5 章

脉冲波形的产生与变换

5.1 内 容 总 结

1. 脉冲整形与产生电路

（1）作用：产生脉冲波形与整形电路。

（2）种类：整形电路有单稳态触发器、施密特触发器，脉冲产生电路有多谐振荡器。

2. 单稳态触发器

（1）特点：它有稳态和暂稳态两个不同的工作状态。在外加脉冲作用下，触发器能从稳态翻转到暂稳态。在暂稳态维持一段时间后，将自动返回稳态。

（2）集成单稳态触发器 74121，是一种不可重复触发的集成单稳态触发器，它既可采用上升沿触发，又可采用下降沿触发，输出脉冲宽度 $t_w \approx 0.7RC_{ext}$。

（3）作用：定时、延时、整形。

3. 施密特触发器

（1）特点：输出为数字信号，电压传输特性是滞回特性，即输入上升时输出跳变对应的输入信号 V_{T+} 与输入下降时输出跳变对应的输入信号 V_{T-} 不同。施密特触发器有同相传输特性和反相传输特性两种。

（2）集成施密特触发器 7413，是 4 输入端双与非施密特触发器，具有反相电压传输特性。

（3）作用：波形变换、整形、脉冲鉴幅。

4. 多谐振荡器

（1）特点：多谐振荡器有两个暂态，没有稳态，输出周期性脉冲信号。电路没有输入信号，具有上电即工作特性。

（2）种类：由施密特触发器构成的多谐振荡器，由门电路构成的环形振荡器、石英晶体振荡器等。

5. 555 定时器

（1）结构：分压电阻、电压比较器、基本 SR 锁存器、放电三极管、缓冲器。

（2）功能：当 $\overline{R_D}$ 为低电平时，清零。当 $\overline{R_D}$ 为高电平时，6 大 2 大通出 0，6 小 2 大做保持，6 小 2 小只出 1。

（3）555 构成单稳态触发器：2 入低窄 3 出高，$t_w \approx 1.1RC$。

（4）555 构成施密特触发器：26 入低 3 出高，$V_{T+} = \dfrac{2}{3}V_{CC}$，$V_{T-} = \dfrac{1}{3}V_{CC}$。

（5）555 构成多谐振荡器：无入 3 出，$T=T_1+T_2\approx0.7(R_1+2R_2)C$。

本章重点：单稳态触发器、施密特触发器、多谐振荡器的特点及应用，由 555 定时器构成的三种电路结构组成及参数计算。

5.2 习 题

1. 选择题（单选或多选）

（1）矩形脉冲信号的参数有_____。

    A. 周期   B. 占空比   C. 脉宽   D. 扫描期

（2）滞回特性是_____的基本特性。

    A. 多谐振荡器   B. 单稳态触发器

    C. T 触发器   D. 施密特触发器

（3）为将正弦信号转换成与之频率相同的脉冲信号，可采用_____。

    A. 多谐振荡器   B. 移位寄存器

    C. 节拍脉冲发生器   D. 施密特触发器

（4）脉冲整形电路有_____。

    A. 施密特触发器   B.单稳态触发器

    C. 多谐振荡器   D. 555 定时器

（5）单稳态触发器的主要用途是 _____。

    A. 整形、延时、鉴幅   B. 整形、鉴幅、定时

    C. 延时、定时、存储   D. 延时、定时、整形

（6）以下各电路中，_____可以产生脉冲定时。

    A. 多谐振荡器   B. 单稳态触发器

    C. 施密特触发器   D. 石英晶体多谐振荡器

（7）某电路的输入波形 v_I 和输出波形 v_O 如图 5.1 所示，该电路为_____。

    A. 单稳态触发器   B. 反相器

    C. 施密特触发器   D. JK 触发器

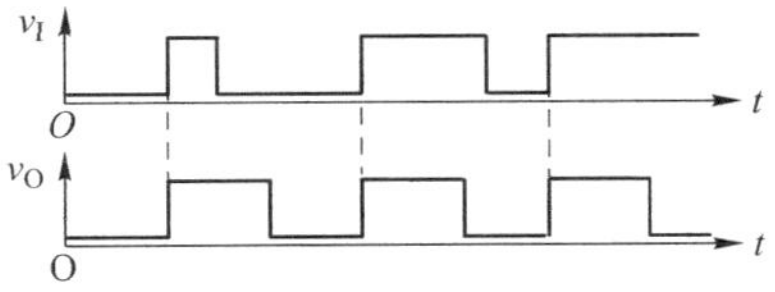

图 5.1

（8）多谐振荡器可产生_____。

    A. 正弦波   B. 矩形脉冲   C. 三角波   D. 锯齿波

（9）_____可用来自动产生矩形波脉冲信号。

    A. 施密特触发器   B. 单稳态触发器

    C. T 触发器   D. 多谐振荡器

（10）如图 5.2 所示电路中，_____能产生振荡。

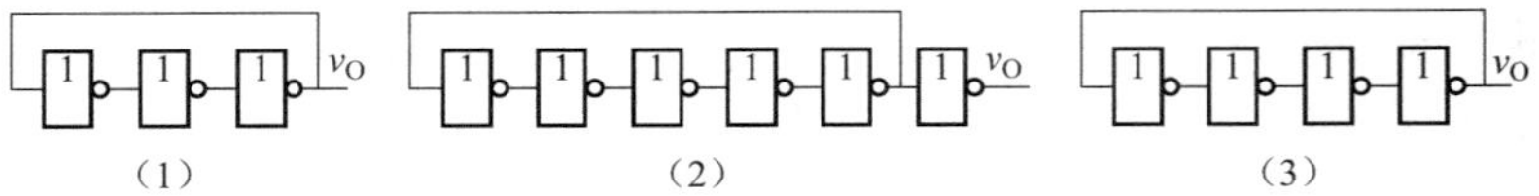

图 5.2

A. （1）（2）　　　　B. （1）（3）　　　　C. （2）（3）　　　　D. （1）（2）（3）

（11）石英晶体多谐振荡器的突出优点是_____。

    A. 速度高　　　　　　　　　　　　　　B. 电路简单

    C. 振荡频率稳定　　　　　　　　　　　D. 输出波形边沿陡峭

（12）石英晶体多谐振荡器的输出脉冲频率取决于_____。

    A. 晶体的固有频率和 RC 参数值

    B. 晶体的固有频率

    C. 组成振荡器的门电路的平均传输时间

    D. RC 参数的大小

（13）获得输出振荡频率稳定性较高的多谐振荡电路，一般选用_____。

    A. 555 定时器　　　　　　　　　　　　B. 集成单稳态触发器

    C. 反相器和石英晶体　　　　　　　　　D. 施密特触发器

（14）TTL 单定时器型号的最后几位数字为_____。

    A. 555　　　　　B. 556　　　　　C. 7555　　　　　D. 7556

（15）555 定时器可以组成_____。

    A. 多谐振荡器　　　　　　　　　　　　B. 施密特触发器

    C. JK 触发器　　　　　　　　　　　　D. 单稳态触发器

（16）用 555 定时器组成施密特触发器，当压控输入控制端 CO 外接 10 V 电压时，回差电压为_____。

    A. 3.33 V　　　　B. 5 V　　　　　C. 6.66 V　　　　D. 10 V

（17）用 555 定时器组成单稳态触发器电路，当压控输入端无外加电压时，其输出脉冲宽度 t_w=_____。

    A. 1.1RC　　　　B. 0.7RC　　　　C. 1.2RC　　　　D. 0.9RC

2. 填空题

（1）施密特触发器具有_____现象，又称_____特性。

（2）单稳触发器最重要的参数为_____。

（3）若将一个正弦波电压信号转换成同一频率的矩形波，应采用_____电路。

（4）单稳态触发器受到外触发时进入_____。

（5）常见的脉冲产生电路有_____，常见的脉冲整形电路有_____、_____。

（6）为了实现高的频率稳定度，常采用_____振荡器。

（7）555 定时器的最后数码为 555 的是_____产品，为 7555 的是_____产品。

（8）555 定时器的最基本应用有_____、_____和_____三种电路。

3. 判断题

（1）施密特触发器有两个稳态。　　　　　　　　　　　　　　　　　　（　　　）

（2）施密特触发器的正向阈值电压一定大于负向阈值电压。　　　　　　（　　）

（3）施密特触发器可用于将三角波变换成正弦波。　　　　　　　　　　（　　）

（4）利用施密特触发器能够将正弦波转换为方波。　　　　　　　　　　（　　）

（5）单稳态触发器的暂稳态时间与输入触发脉冲宽度成正比。　　　　　（　　）

（6）单稳态触发器的暂稳态维持时间用 t_W 表示，与电路中的 R、C 成正比。（　　）

（7）单稳态触发器电路可以用集成逻辑门构成，也有集成单稳态触发器。（　　）

（8）在逻辑门构成的单稳态触发器电路中，根据电路不同，又分为微分型电路和积分型电路两种。　　　　　　　　　　　　　　　　　　　　　　　　　　（　　）

（9）由于单稳态触发器电路因触发后能够保持一段暂稳状态，所以这种电路具有记忆功能，即将触发信号保持一段时间。　　　　　　　　　　　　　　　　（　　）

（10）单稳态触发器只有一个稳定输出状态，另有一个暂稳输出状态，电路在暂稳态下会自动返回到稳定输出状态。　　　　　　　　　　　　　　　　　（　　）

（11）单稳态电路只有在有效输入触发信号触发下才会从稳态进入暂稳态。　（　　）

（12）单稳态触发器电路和双稳态触发器电路一样，在输入触发脉冲信号作用下，电路通过负反馈回路进行翻转，使电路从一种状态翻转到另一种状态，没有负反馈回路的作用，这两种触发器电路都不能进行自动翻转。　　　　　　　　　　　　　　（　　）

（13）采用不可重触发单稳态触发器时，若在触发器进入暂稳态期间再次受到触发，输出脉宽可在此前暂稳态时间的基础上再展宽 t_W。　　　　　　　　　　（　　）

（14）石英晶体多谐振荡器的振荡频率与电路中的 R、C 成正比。　　　（　　）

（15）在石英晶体自激多谐振荡器电路中，振荡器的振荡频率只与石英晶体本身的参数有关，与电路中的 R、C 元件参数无关。　　　　　　　　　　　　　（　　）

（16）石英晶体振荡器的优点是振荡频率稳定、可靠，这些优点是由石英晶体的优良特性决定的。　　　　　　　　　　　　　　　　　　　　　　　　　　　（　　）

（17）多谐振荡器电路与单稳态触发器、双稳态触发器的一个明显不同之处是这种电路没有输入触发器信号，所以电路没有输入端，只有输出端。　　　　　　　（　　）

（18）多谐振荡器电路输出的信号是一个标准的正弦信号。　　　　　　　（　　）

（19）多谐振荡器电路又称为无稳态电路，或是自激多谐振荡器电路。　　（　　）

（20）多谐振荡器电路工作在振荡状态，这是一种矩形脉冲信号产生电路，在数字系统电路中应用广泛。　　　　　　　　　　　　　　　　　　　　　　　（　　）

（21）多谐振荡器电路可以由集成逻辑门电路构成，也可以由 555 定时器构成。（　　）

（22）多谐振荡器输出信号的周期与阻容元件的参数成正比。　　　　　　（　　）

（23）555 定时器可接成单稳态触发器和多谐振荡器，但不能接成施密特触发器。

　　　　　　　　　　　　　　　　　　　　　　　　　　　　　　　（　　）

（24）555 定时器可接成单稳态触发器和施密特触发器，但不能接成多谐振荡器。

　　　　　　　　　　　　　　　　　　　　　　　　　　　　　　　（　　）

4. 画图题

（1）电路如图 5.3（a）所示，已知 $V_{T+}=8$ V，$V_{T-}=4$ V，$V_{DD}=12$ V。① 电路完成什么功能？② 根据图 5.3（b）所示输入波形画出电路的输出波形。

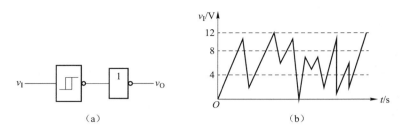

图 5.3

（2）由 555 定时器构成的电路如图 5.4（a）所示，$V_{CC}=15\ V$。① 分析电路的工作原理，说明电路的功能；② 计算出 V_{T+}、V_{T-} 和 ΔV_T；③ 根据图 5.4（b）所示输入波形画出电路的输出波形。

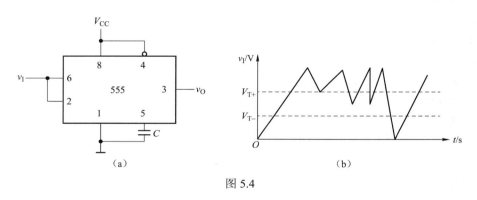

图 5.4

（3）电路如图 5.5（a）所示，$V_{CC}=12\ V$。① 说明电路中 555 定时器构成何种典型电路？② 求出 V_{T+}、V_{T-} 和 ΔV_T；③ 根据图 5.5（b）所示输入波形画出电路的输出波形。

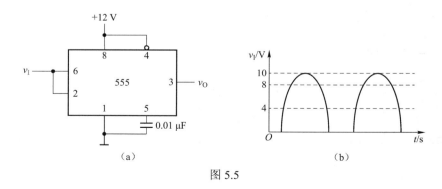

图 5.5

（4）电路如图 5.6（a）所示，$V_{CC}=5\ V$。① 说出电路的名称及主要用途；② 求出 V_{T+}、V_{T-} 和 ΔV_T 并画出其电压传输特性；③ 根据图 5.6（b）所示输入波形画出电路的输出波形。

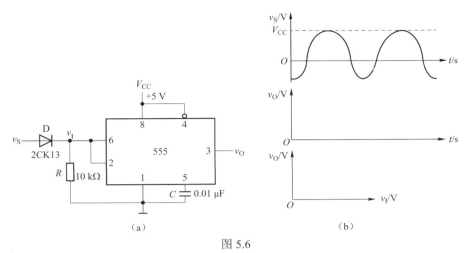

图 5.6

（5）如图 5.7（a）所示电路，是用两个集成单稳态触发器 74121 组成的脉冲变换电路，表 5.1 所示为 74121 的功能表。① 计算在图 5.7（b）所示输入触发信号作用下，两个触发器输出脉冲的宽度；② 画出与输入相对应的两个输出端的波形。

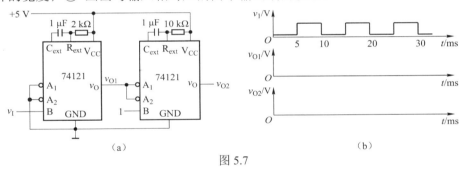

图 5.7

表 5.1

输　　入			输　　出
A_1	A_2	B	v_O
0	×	1	0
×	0	1	0
×	×	0	0
1	1	×	0
1	⌐_	1	⌐⌐
⌐_	1	1	⌐⌐
⌐_	⌐_	1	⌐⌐
0	×	_⌐	⌐⌐
×	0	_⌐	⌐⌐

（6）电路如图 5.8（a）所示，$V_{CC}=5$ V。① 说出电路的名称及主要用途；② 求出它的主要参数；③ 根据图 5.8（b）所示输入波形画出电路的输出波形。

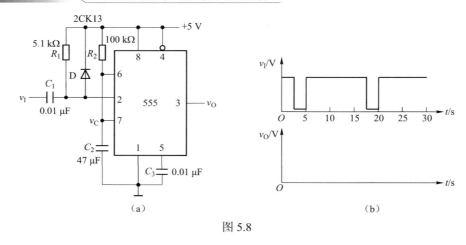

图 5.8

（7）已知 TTL 集成施密特触发器 CT74132 和同步四位二进制加法计数器 CT74161 组成如图 5.9（a）所示电路，图 5.9（b）所示为 CT74132 的电压传输特性曲线。① 分别说出两部分电路的功能（名称）；② 分析 CT74161 组成的电路，画出有效状态转换图；③ 画出 v_A、v_B、v_C 的对应波形。

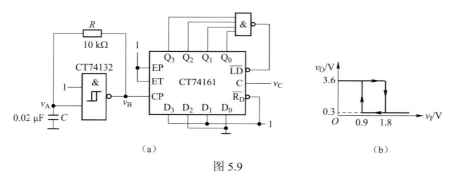

图 5.9

5. 计算题

（1）如图 5.10 所示电路是用 555 定时器组成的开机延时电路。若给定 $C=25\ \mu F$，$R=91\ k\Omega$，$V_{CC}=12\ V$。问：① 555 定时器接成了什么典型电路？输出在什么时候为高电平，什么时候为低电平？② 分析该电路延时开机的工作原理；③ 计算开关 S 断开以后经过多少延迟时间输出才变化？

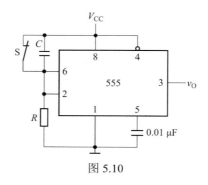

图 5.10

（2）如图 5.11 所示电路是以 555 定时器为核心的简易逻辑测试笔电路，用于测试数字电路的逻辑状态"0"和"1"，测试结果用发光二极管 LED_1 和 LED_2 指示。已知待测输入信号的频率约 1 Hz 或更低，V_{CO} 调到 2.5 V。问：① 555 接成什么典型电路？② 分析电路的工作原理；③ 分别说明 R_p 和 LED_1、LED_2 的作用。

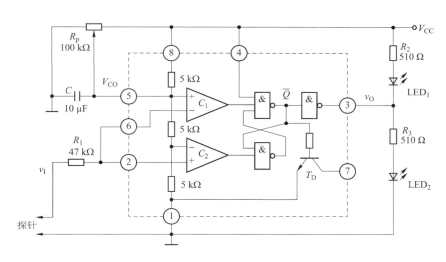

图 5.11

（3）如图 5.12 所示电路是用 555 定时器组成的简易延时门铃。设在 4 号引脚复位端电压小于 0.4 V 为 0，电源电压为 6 V，R_1=10 kΩ，R_2=100 kΩ，R_3=51 kΩ，C_1=0.01 μF，C_2=100 μF。问：① 555 接成了什么典型电路？② 分析门铃电路的工作原理；③ 当按钮 S 按一下放开后，门铃响多长时间才停？④ 门铃声的频率是多少？

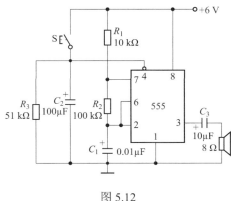

图 5.12

（4）如图 5.13 所示电路是用 555 定时器组成的电子门铃电路，按下按钮 S 时可使门铃鸣响。问：① 门铃鸣响时 555 定时器接成了什么典型电路？② 分析电路的工作原理；③ 改变电路中什么参数可改变铃响的持续时间？④ 改变电路中什么参数可改变铃响的音调高低？

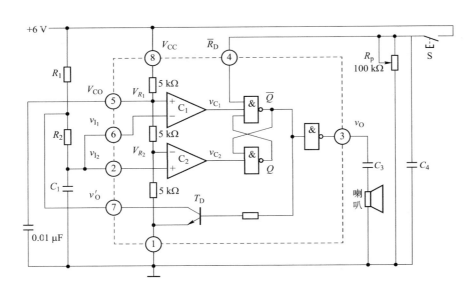

图 5.13

（5）如图 5.14 所示电路是用 555 定时器组成的双音门铃电路，按下按钮 S 时可使门铃鸣响，当按钮 S 按一下放开后，门铃还响一会。问：① 门铃鸣响时 555 定时器接成了什么典型电路？② 分析电路的工作原理，为什么称为双音门铃？③ 改变电路中什么参数可改变铃响的持续时间？④ 改变电路中什么参数可改变铃响的音调高低？

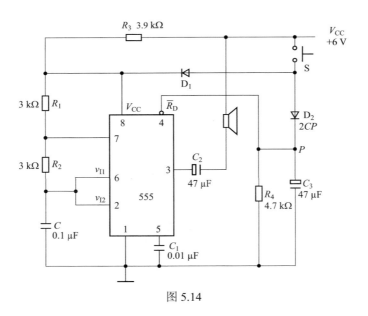

图 5.14

（6）如图 5.15 所示电路是用两个 555 定时器组成的电子门铃电路，按下按钮 S 时可使门铃以 1.2 kHz 频率鸣响 10 s。问：① 555（1）和 555（2）分别接成什么典型电路？② 分析电路的工作原理；③ 改变电路中什么参数可改变铃响的持续时间？④ 改变电路中什么参数可改变铃响的音调高低？

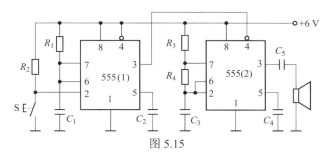

图 5.15

（7）如图 5.16 所示电路是用两个 555 定时器组成的延迟报警器，当开关 S 断开后，经过一定的延迟时间后扬声器开始发出声音。如果在延迟时间内 S 重新闭合，扬声器不会发出声音。元件参数如图 5.16 中给定，图中的 G_1 是 CMOS 反相器，输出的高、低电平分别为 $V_{OH} \approx 12\,V$，$V_{OL} \approx 0\,V$。问：① 555（1）和 555（2）分别接成什么典型电路？② 分析电路的工作原理；③ 延迟时间是什么时间，求其数值；④ 扬声器发出声音的频率是多少？

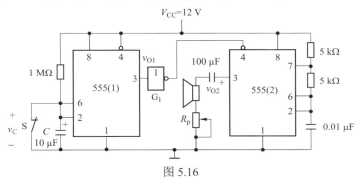

图 5.16

（8）如图 5.17 所示电路是用两个 555 定时器组成的报警电路或救护车发音电路。问：① 555（1）和 555（2）分别接成什么典型电路？② 分析电路的工作原理，两个 555 各完成什么功能？③ 扬声器发出高、低音的持续时间是多少？

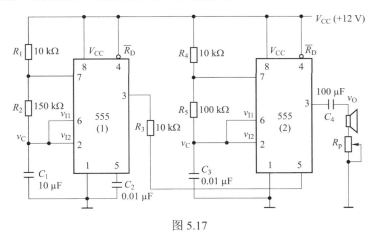

图 5.17

（9）如图 5.18 所示电路是用两个 555 定时器组成的间歇振荡器。问：① 555（1）和 555（2）分别接成什么典型电路？② 分析电路的工作原理，两个 555 各完成什么功能？③ 扬声器鸣响时间及停止时间是多少？④ 扬声器发出声音的频率是多少？

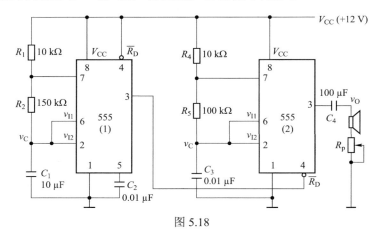

图 5.18

（10）如图 5.19 所示电路是用两个 555 定时器组成的波群发生器电路，可用作遥控信号源、救护车警铃声和电刺激治疗仪等的振荡信号源。问：① 555（1）和 555（2）分别接成什么典型电路？② 分析电路的第一级和第二级的作用，R_{P1} 和 R_{P2} 有什么作用？③ 当 R_{P1} 和 R_{P2} 阻值均处于最大时，两级输出波形的周期参数和振荡频率分别是多少？

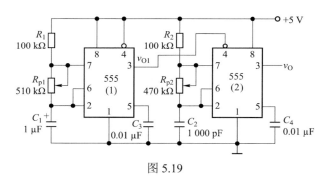

图 5.19

第 6 章

半导体存储器

6.1 内 容 总 结

1. 半导体存储器分类

（1）只读存储器 ROM：断电后信息不变，包括 PROM、EPROM、E²PROM、快闪存储器。

（2）随机存储器 RAM：断电后信息随机，包括静态存储器（SRAM）和动态存储器（DRAM）。

2. 半导体存储器结构

（1）地址译码器：输入为存储器的地址线 n 条，输出为字线 2^n 条。

（2）存储矩阵：输入为字线 2^n 条，输出为位线（数据线）m 条。

（3）输出控制：控制数据线的输出。

3. 存储器容量及扩展

（1）存储器容量 = 字线 × 位线 = $2^n \times m$。

（2）容量扩展：字扩展、位扩展、字位同时扩展。

4. 用 ROM 设计组合逻辑电路

（1）根据逻辑函数的输入、输出变量数，确定 ROM 容量，选择合适的 ROM。

（2）将给定的逻辑函数写为最小项表达式形式。

（3）将输入变量接入地址线，输出变量接到数据线（位线），画出 ROM 阵列图或电路图。

5. 集成半导体存储器

（1）Intel 27×× 系列 EPROM，有读出、维持、编程等工作方式。

（2）Intel 28×× 系列 E²PROM，有读出、维持、写入、擦除等工作方式。

（3）Intel 61/62×× 系列 SRAM，有读出、写入、维持等工作方式。

（4）Intel21/41×× 系列 DRAM，有读出、写入、维持等工作方式。

本章重点：半导体存储器种类及特点、存储器容量计算、用 ROM 设计组合逻辑电路。

6.2 习　　题

1. 选择题（单选或多选）

（1）一个容量为 1 K×8 的存储器有_____个存储单元。
　　A. 8　　　　　　　B. 8 192　　　　　　C. 8 000　　　　　　D. 8 K

（2）某存储器芯片的容量为 32 K×8 位，则其地址线和数据线的根数分别为_____。
　　A. 15　8　　　　　B. 16　8　　　　　　C. 5　4　　　　　　D. 6　4

（3）若用 8 K×8 位的 RAM 芯片 MCM6264 组成 64 K×16 位的存储器系统，共需_____片 MCM6264 芯片。
　　A. 4　　　　　　　B. 8　　　　　　　　C. 16　　　　　　　D. 32

（4）将 256×1 位的 ROM 扩展为 1 024×1 位的存储系统，地址线为_____根。
　　A. 8　　　　　　　B. 12　　　　　　　C. 10　　　　　　　D. 7

（5）要构成容量为 4 K×8 的 RAM，需要_____片容量为 256×4 的 RAM。
　　A. 8　　　　　　　B. 4　　　　　　　　C. 2　　　　　　　　D. 32

（6）寻址容量为 16 K×4 的 RAM 需要_____根地址线。
　　A. 8　　　　　　　B. 4　　　　　　　　C. 14　　　　　　　D. 16

（7）某存储器具有 8 根地址线和 8 根双向数据线，则该存储器的容量为_____。
　　A. 8×3　　　　　　B. 256×8　　　　　C. 8 K×8　　　　　　D. 256×256

（8）欲将容量为 128×1 的 RAM 扩展为 1 024×8，则需要控制各片选端的辅助译码器的输出端数为_____。
　　A. 1　　　　　　　B. 2　　　　　　　　C. 3　　　　　　　　D. 8

（9）欲将容量为 128×1 的 RAM 扩展为 1 024×8，则需要控制各片选端的地址译码器的输入端数为_____。
　　A. 1　　　　　　　B. 2　　　　　　　　C. 3　　　　　　　　D. 8

（10）欲将容量为 256×1 的 RAM 扩展为 1 024×8，则需要控制各片选端的地址译码器的输出端数为_____。
　　A. 4　　　　　　　B. 2　　　　　　　　C. 3　　　　　　　　D. 8

（11）欲将容量为 256×1 的 RAM 扩展为 1 024×8，则需要控制各片选端的辅助译码器的输入端数为_____。
　　A. 4　　　　　　　B. 2　　　　　　　　C. 3　　　　　　　　D. 8

（12）为构成 2 048×8 的 RAM，需要_____片 1 024×1 的 RAM，并且需要有_____位的地址译码以完成寻址操作。
　　A. 8　10　　　　　B. 16　11　　　　　C. 16　14　　　　　　D. 10　12

（13）为构成 4 096×8 位的 RAM，需要_____片 1 024×2 位的 RAM，并且需要有_____位地址译码以完成寻址操作。
　　A. 8　10　　　　　B. 16　14　　　　　C. 16　12　　　　　　D. 1　12

（14）为构成 4 096×4 的 RAM，需要_____片 1 024×1 的 RAM，并且需要有_____位地址译码以完成寻址操作。

A. 16　12　　　　B. 8　10　　　　C. 16　14　　　　D. 10　12

（15）某存储器芯片的容量为 64 K×8 位，则其地址线和数据线的根数分别为_____。

A. 15　8　　　　B. 16　8　　　　C. 5　4　　　　D. 6　4

（16）一个容量为 512×1 的静态 RAM 具有_____。

A. 地址线 9 根，数据线 1 根

B. 地址线 1 根，数据线 9 根

C. 地址线 512 根，数据线 9 根

D. 地址线 9 根，数据线 512 根

（17）一个 5 位地址码、8 位输出的 ROM，其存储矩阵的容量为_____。

A. 48　　　　B. 64　　　　C. 512　　　　D. 256

（18）将一个包含有 16 384 个基本存储单元的存储电路设计成 8 位的 ROM，则该 ROM
有_____根数据读出线。

A. 8　　　　B. 9　　　　C. 11　　　　D. 16

（19）用若干 RAM 实现位扩展时，其方法是将_____相应地并联在一起。

A. 读/写线　　B. 数据线　　C. 地址线　　D. 片选信号线

（20）半导体存储器按功能分为两大类，即_____。

A. ROM 和 PROM　　　　B. RAM 和 ROM

C. RAM 和 E²PROM　　　　D. ROM 和 EPROM

（21）只读存储器 ROM 在运行时具有_____功能。

A. 读/无写　　　　B. 无读/写

C. 读/写　　　　D. 无读/无写

（22）只读存储器 ROM 中的内容，当电源断掉后又接通，存储器中的内容_____。

A. 全部改变　　　　B. 全部为 0

C. 不可预料　　　　D. 保持不变

（23）随机存取存储器 RAM 中的内容，当电源断掉后又接通，存储器中的内容_____。

A. 全部改变　　　　B. 全部为 1

C. 不确定　　　　D. 保持不变

（24）随机存取存储器具有_____功能。

A. 读/写　　　　B. 无读/写

C. 只读　　　　D. 只写

（25）ROM 器件_____。

A. 只能存储信息，不能实现逻辑函数

B. 属于组合逻辑电路

C. 只能进行字扩展，不能进行位扩展

D. 与阵列可编程，或阵列固定

（26）正常使用时只能按地址读出信息，而不能写入信息的存储器为_____。

A. RAM　　　　B. ROM

C. PROM　　　　D. EPROM

（27）EPROM 是指 _____。

A. 随机读写存储器   B. 只读存储器

C. 可编程的只读存储器   D. 可擦、可编程的只读存储器

（28）EPROM 是一种_____可编程逻辑器件。

    A. "与""或"阵列都固定

    B. "与"阵列可编程，"或"阵列固定

    C. "与"阵列固定，"或"阵列可编程

    D. "与""或"阵列都可编程

（29）PROM 的"与"阵列（地址译码器）是_____。

    A. 全译码可编程阵列   B. 全译码不可编程阵列

    C. 非全译码不可编程阵列   D. 非全译码可编程阵列

（30）用 PROM 进行逻辑设计时，应将逻辑函数表达式表示成_____。

    A. 最简"与或"表达式   B. 最简"或与"表达式

    C. 标准"与或"表达式   D. 标准"或与"表达式

2. 填空题

（1）存储器的_____和_____是反映系统性能的两个重要指标。

（2）半导体存储器按功能可分为_____和_____两种类型，其中_____在电源掉电后信息不会丢失。

（3）用户可编程 ROM 有_____、_____和_____三种类型，其中_____的编程是一次性的。

（4）RAM 和 ROM 的主要区别是_____。

（5）RAM 在结构上通常由_____、_____和_____三部分组成。

（6）EPROM、E^2PROM 和快闪存储器的共同之处是_____。

（7）已知一个 ROM 器件含有 64 个基本存储单元，字长为 8 位，则该 ROM 有_____个地址，_____位地址码，_____条数据输出线。

（8）已知一个 ROM 器件含有 64 个字存储单元，字长为 8 位，则该 ROM 存储容量为_____，地址码_____位，_____条数据输出线。

（9）存储容量为 4 K×8 位的 RAM 存储器，其地址线为_____条，数据线为_____条。

（10）存储容量基本扩展方式有_____、_____两种。

（11）存储容量的扩展通常有_____、_____、_____三种方式。

（12）静态存储器由_____来存储数据，只要不断电，数据就能长期保存。而动态存储器由_____的电荷存储效应来存储数据，为避免存储数据的丢失，必须定期刷新。采用浮栅技术生产的可编程存储器可以利用浮栅上_____来存储二值数据。

（13）存储容量为 1 024×4 的 SRAM 有_____根地址线和_____根数据线。

3. 判断题

（1）RAM 由若干位存储单元组成，每个存储单元可存放一位二进制信息。   （   ）

（2）动态随机存取存储器需要不断地刷新，以防止电容上存储的信息丢失。   （   ）

（3）RAM 中的信息，当电源断掉后又接通，则原存的信息不会改变。   （   ）

（4）随机存取存储器 RAM 中的内容，当电源断掉后又接通，存储器中的内容不确定。

    （   ）

（5）ROM 和 RAM 中存入的信息在电源断掉后都不会丢失。　　　　　　　（　　）

（6）所有的半导体存储器在运行时都具有读和写的功能。　　　　　　　（　　）

（7）PROM 的或阵列（存储矩阵）是可编程阵列。　　　　　　　　　　（　　）

（8）ROM 的每个与项（地址译码器的输出）都一定是最小项。　　　　　（　　）

（9）实际中，常以字数和位数的乘积表示存储容量。　　　　　　　　　（　　）

（10）用 PROM 实现四位二进制码到格雷码的转换时，要求 PROM 的容量为 4×4 b。　　　　　　　　　　　　　　　　　　　　　　　　　　（　　）

（11）一个 5 位地址码、8 位输出的 ROM，其存储矩阵的容量为 40。　　（　　）

（12）用 2 片容量为 $16\,K \times 8$ 的 RAM 构成容量为 $32\,K \times 8$ 的 RAM 是位扩展。（　　）

（13）存储器字数的扩展可以利用外加译码器控制数个芯片的片选输入端来实现。（　　）

（14）为构成 $4\,096 \times 8$ 的 RAM，需要 4 片 $2\,048 \times 2$ 的 RAM。　　　（　　）

4. 分析题

（1）试用 $1\,024 \times 4$ 位的 RAM 2114 和 74LS138 译码器组成 $4\,096 \times 4$ 位的 RAM 存储器。74LS138 及 2 114 逻辑符号如图 6.1 所示。① 需要几片 2114？要进行哪种方式扩展？② 画出接线图。

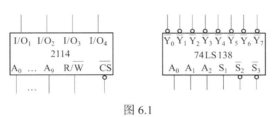

图 6.1

（2）试用 $1\,024 \times 8$ 位的 ROM 组成 $1\,024 \times 16$ 位的存储器。① 需要几片 $1\,024 \times 8$ 位的 ROM？要进行哪种方式的扩展？② 画出接线图。

（3）试用 $1\,024 \times 4$ 位的 RAM 2114 和 74LS138 译码器组成 $2\,K \times 8$ 位的 RAM 存储器。① 需要几片 2114？要进行哪种方式扩展？② 画出接线图。

（4）用 ROM 产生如下一组多输出逻辑函数 $\begin{cases} L_1 = \overline{A}BC + \overline{A}\,\overline{B}C \\ L_2 = A\overline{B}CD + BC\overline{D} + \overline{A}BCD \\ L_3 = ABC\overline{D} + \overline{A}BC\,\overline{D} \\ L_4 = \overline{A}\,\overline{B}C\overline{D} + ABCD \end{cases}$，要求画出用

PROM 或掩膜 ROM 译码器及存储矩阵的点阵图，标出输入变量和输出变量的位置。

（5）试用 ROM 实现下列函数 $\begin{cases} L_1 = \overline{A}\,\overline{B}C + \overline{A}B\overline{C} + A\overline{B}\,\overline{C} + ABC \\ L_2 = AC + BC \\ L_3 = \overline{A}\,\overline{B}\,\overline{C}\,\overline{D} + \overline{A}\,\overline{B}CD + \overline{A}BC\overline{D} + A\overline{B}\,\overline{C}D + AB\overline{C}\,\overline{D} + ABCD \\ L_4 = ABC + ABD + ACD + BCD \end{cases}$，

要求画出用 PROM 或掩膜 ROM 译码器及存储矩阵的点阵图，标出输入变量和输出变量的位置。

（6）根据图 6.2 所示的电路要求，用 ROM 设计一个组合逻辑电路来显示十进制数，LED

数码管为共阴极接法。要求：① 列出电路输入、输出真值表；② 写出输入、输出逻辑表达式；③ 画出用 ROM 译码器及存储矩阵的点阵图，标出输入变量和输出变量的位置。

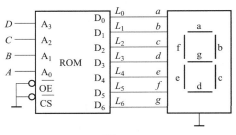

图 6.2

（7）用 16×4 位的 ROM 设计一个将两个 2 位二进制数相乘的乘法器电路，要求：① 写出设计过程，列出真值表及 ROM 的数据表；② 连接电路，画出存储矩阵的点阵图，标出输入变量和输出变量的位置。

（8）如图 6.3 所示电路是用 16×4 位的 ROM 和 74LS161 组成的脉冲分频电路，ROM 数据见表 6.1。要求：① 画出在 CP 信号连续作用下，D_3、D_2、D_1、D_0 输出的电压波形；② 说明它们和 CP 信号频率之比。

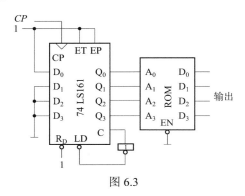

图 6.3

表 6.1

地址输入				数据输出			
A_3	A_2	A_1	A_0	D_3	D_2	D_1	D_0
0	0	0	0	1	1	1	1
0	0	0	1	0	0	0	0
0	0	1	0	0	0	1	1
0	0	1	1	0	1	0	0
0	1	0	0	0	1	0	1
0	1	0	1	1	0	1	0
0	1	1	0	1	0	0	1
0	1	1	1	1	0	0	0

续表

地址输入				数据输出			
A_3	A_2	A_1	A_0	D_3	D_2	D_1	D_0
1	0	0	0	1	1	1	1
1	0	0	1	1	1	0	0
1	0	1	0	0	0	0	1
1	0	1	1	0	0	1	0
1	1	0	0	0	0	0	1
1	1	0	1	0	0	0	0
1	1	1	0	0	1	1	1
1	1	1	1	0	0	0	0

（9）现用 $1\,024 \times 1$ 的 RAM 构成 $4\,096 \times 4$ 的 RAM。问：① 需要几片？② 要如何进行扩展？③ 画出电路连接图。

（10）试用 ROM 实现下列组合逻辑函数 $\begin{cases} L_1 = AB\overline{C} + ABC + \overline{A}BC + \overline{A}\,\overline{B}C \\ L_2 = A\overline{B}\,\overline{C} + \overline{A}BC + AB\overline{C} + \overline{A}\,\overline{B}\,\overline{C} \end{cases}$，要求画出 ROM 译码器及存储矩阵的点阵图。

（11）试用 PROM 实现下列组合逻辑函数 $\begin{cases} L_1 = \overline{A}\,\overline{B}\,\overline{D} + BD + \overline{A}BC \\ L_2 = A\overline{B}\overline{C} + \overline{A}B\overline{C} + \overline{A}\,\overline{B}C + AC\overline{D} + \overline{C}D \\ L_3 = \overline{A}C\overline{D} + AC\overline{D} + \overline{A}BD + \overline{B}\,\overline{D} \\ L_4 = A\overline{B}\,\overline{C} + \overline{A}BC + B\overline{C}D + \overline{B}CD \end{cases}$，要求画出 PROM 译码器及存储矩阵的点阵图。

（12）用 ROM 构成全加器，要求：① 写出设计过程，列出真值表及 ROM 的数据表；② 连接电路，画出存储矩阵的点阵图。

（13）用 ROM 设计一个八段字符显示译码器，输入为 0000～1001 时，输出控制高电平有效的数码管分别显示 0.～9.；输入为 1010～1111 时，输出控制高电平有效的数码管分别显示 A b c d E F。要求：① 写出设计过程，列出真值表及 ROM 的数据表；② 连接电路，画出 ROM 存储矩阵的点阵图。

（14）用 ROM 设计一个七位二进制数转换为 8421BCD 码的转换电路。要求：① 写出设计过程，列出真值表及 ROM 的数据表；② 连接电路，画出 ROM 存储矩阵的点阵图。

（15）用 16×4 位 ROM 和同步十进制加法计数器 74LS160 组成的电路如图 6.4 所示，ROM 的数据表见表 6.2。试画出在 CP 信号连续作用下 D_3、D_2、D_1、D_0 输出的电压波形。

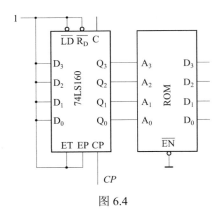

图 6.4

表 6.2

输 入 地 址				输 出 数 据			
A_3	A_2	A_1	A_0	D_3	D_2	D_1	D_0
0	0	0	0	0	0	0	0
0	0	0	1	0	0	1	0
0	0	1	0	0	1	0	0
0	0	1	1	0	1	1	0
0	1	0	0	1	0	0	0
0	1	0	1	1	0	0	0
0	1	1	0	0	1	1	0
0	1	1	1	0	1	0	0
1	0	0	0	0	0	1	0
1	0	0	1	0	0	0	0
1	0	1	0	1	1	1	1
1	0	1	1	0	0	0	0
1	1	0	0	1	1	1	1
1	1	0	1	1	1	1	1
1	1	1	0	0	0	0	0
1	1	1	1	1	1	1	1

（16）用 16×4 位 ROM 和同步十进制加法计数器 74LS160 组成的电路如图 6.5 所示，要求在 CP 信号连续作用下 D_3、D_2、D_1、D_0 输出的电压波形为 0～9 的锯齿波，试写出 ROM 的数据表。

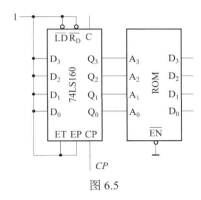

图 6.5

第 7 章

数/模和模/数转换电路

7.1 内 容 总 结

1. 数/模转换器 ADC

（1）作用：将数字量转换为模拟量的电路，$v_o = -\dfrac{V_{REF}}{2^n}(d_{n-1} \times 2^{n-1} + d_1 \times 2^1 + \cdots + d_0 \times 2^0)$。

（2）种类：权电阻网络型、倒 T 电阻网络型、权电流型、开关树型 D/A 转换器等。

（3）集成 DAC：DAC0832 是八位集成 D/A 转换器，CB7520 是十位 CMOS 集成 D/A 转换器。

（4）性能指标：分辨率（转换精度）、转换时间等。

2. 模/数转换器 DAC

（1）作用：将模拟量转换为数字量的电路。

（2）转换过程：采样、保持、量化、编码，采样频率 $f_s \geqslant 2f_{imax}$。

（3）转换方法：直接转换（并联比较型、逐次逼近型），间接转换（双积分型），特点及应用不同。

（4）集成 ADC：ADC0809 是八位集成逐次逼近型 A/D 转换器，ICL7135 是四位半双积分 A/D 转换芯片等。

（5）性能指标：分辨率（转换精度）、转换速度等。

本章重点：数/模和模/数转换器的作用、分类及特点，用数/模转换器构成波形发生器。

7.2 习 题

1. 选择题（单选或多选）

（1）将模拟信号转换为数字信号，应选用_____。

    A. DAC 电路　　　　B. ADC 电路　　　　C. 译码器　　　　D. 寄存器

（2）将数字信号转换为模拟信号，应选用_____。

    A. DAC 电路　　　　B. ADC 电路　　　　C. 译码器　　　　D. 编码器

（3）一个无符号 8 位数字量输入的 DAC，其分辨率为_____位。

    A. 1　　　　　　　　B. 3　　　　　　　　C. 4　　　　　　　D. 8

（4）一个无符号 10 位数字输入的 DAC，其输出电平的级数为_____。

    A. 4　　　　　　　　B. 10　　　　　　　　C. 1 024　　　　　　D. 2^{10}

（5）一个无符号 4 位权电阻 DAC，最低位处的电阻为 40 kΩ，则最高位处电阻为_____。

　　A. 4 kΩ　　　　　　B. 5 kΩ　　　　　　C. 10 kΩ　　　　　　D. 20 kΩ

（6）4 位倒 T 型电阻网络 DAC 的电阻网络的电阻取值有_____种。

　　A. 1　　　　　　　B. 2　　　　　　　C. 4　　　　　　　D. 8

（7）8 位 D/A 转换器，单极性输出时，分辨率为_____。

　　A. 2^7-1　　　　　B. $1/(2^8-1)$　　　　C. $1/(2^9-1)$　　　　D. 2^8-1

（8）一个 8 位 D/A 转换器的最小电压增量为 0.01 V，当输入代码为 10010001 时，输出电压为_____。

　　A. 1.28　　　　　　B. 1.54　　　　　　C. 1.45　　　　　　D. 1.56

（9）某二进制 D/A 转换器输出满刻度值是 8.192 V，其电压分辨率是 1 mV，由此可知转换器是_____位的 D/A 转换器。

　　A. 8　　　　　　　B. 13　　　　　　　C. 12　　　　　　　D. 16

（10）集成 D/A 转换器 DAC0832 含有_____个寄存器。

　　A. 1　　　　　　　B. 2　　　　　　　C. 3　　　　　　　D. 4

（11）为使采样输出信号不失真地代表输入模拟信号，采样频率 f_s 和输入模拟信号的最高频率 f_{Imax} 的关系是_____。

　　A. $f_s \geq f_{Imax}$　　　B. $f_s \leq f_{Imax}$　　　C. $f_s \geq 2f_{Imax}$　　　D. $f_s \leq 2f_{Imax}$

（12）将一个时间连续变化的模拟量转换为时间断续（离散）的模拟量的过程称为_____。

　　A. 采样　　　　　　B. 量化　　　　　　C. 保持　　　　　　D. 编码

（13）将幅值离散、时间连续的阶梯电平统一归并到最邻近的指定电平的过程称为_____。

　　A. 采样　　　　　　B. 量化　　　　　　C. 保持　　　　　　D. 编码

（14）用二进制码表示指定离散电平的过程称为_____。

　　A. 采样　　　　　　B. 量化　　　　　　C. 保持　　　　　　D. 编码

（15）若某 ADC 取量化单位 $\Delta = \dfrac{1}{8}V_{REF}$，并规定对于输入电压 v_I 在 $0 \leq v_I < \dfrac{1}{8}V_{REF}$ 时，认为输入的模拟电压为 0 V，输出的二进制数为 000；则 $\dfrac{5}{8}V_{REF} \leq v_I < \dfrac{6}{8}V_{REF}$ 时，输出的二进制数为_____。

　　A. 001　　　　　　B. 101　　　　　　C. 110　　　　　　D. 111

（16）以下四种转换器，_____是 A/D 转换器且转换速度最高。

　　A. 并联比较型　　B. 逐次逼近型　　C. 双积分型　　　　D. 施密特触发器

（17）下列 A/D 转换器中，_____的转换速度最快。

　　A. 10 位双积分 A/D　　　　　　　　　B. 8 位并行 A/D

　　C. 4 位逐次逼近　　　　　　　　　　　D. 8 位逐次逼近

（18）下列几种 A/D 转换器中，转换速度最快的是_____。

　　A. 逐次渐进型 A/D 转换器　　　　　　B. 计数型 A/D 转换器

　　C. 并行 A/D 转换器　　　　　　　　　D. 双积分 A/D 转换器

2. 填空题

（1）将模拟信号转换为数字信号应采用_____转换器。

（2）将模拟信号转换为数字信号，需要经过_____、_____、_____、_____四个过程。

（3）D/A 转换器的主要参数有_____、_____、_____和_____。

（4）D/A 转换器的分辨率取决于_____，12 位 D/A 转换器 DAV1210 的分辨率百分数为_____。

（5）7 位 D/A 转换器的分辨率为_____ %。

（6）一个 8 位 D/A 转换器的最小输出电压 $V_{LSB}=0.02$ V，当输入代码为 01001100 时，输出电压=_____V。

（7）A/D 转换器的功能是_____。

（8）D/A 转换器的功能是_____。

（9）常见集成 A/D 转换器按转换方法的不同可分为_____、_____和_____三种类型。

3. 判断题

（1）D/A 转换器的建立时间是反映转换速度的一个参数。　　　　　　（　　）

（2）在 D/A 转换器中通常用分辨率和转换误差来描述转换精度。　　（　　）

（3）D/A 转换器的性能指标是转换速度和量化误差。　　　　　　　（　　）

（4）D/A 转换器的位数越多，能够分辨的最小输出电压变化量就越小。　（　　）

（5）D/A 转换器的位数越多，转换精度越高。　　　　　　　　　　（　　）

（6）由于 DAC0832 内部有两个寄存器，所以只能在双缓冲方式下工作。（　　）

（7）集成 A/D 转换器 ADC0809 是一种双积分型 A/D 转换器。　　　（　　）

（8）A/D 转换器的二进制数的位数越多，量化单位Δ越小。　　　　（　　）

（9）A/D 转换过程中，必然会出现量化误差。　　　　　　　　　　（　　）

（10）A/D 转换器的二进制数的位数越多，量化级分得越多，量化误差就可以减小到 0。

（　　）

（11）一个 N 位逐次逼近型 A/D 转换器完成一次转换要进行 N 次比较，需要 $N+2$ 个时钟脉冲。　　　　　　　　　　　　　　　　　　　　　　　　　　　　（　　）

（12）双积分型 A/D 转换器的转换精度高、抗干扰能力强，因此常用于数字式仪表中。

（　　）

（13）由于 ADC0809 有八个模拟量输入端，所以可以同时对八路模拟信号进行转换。

（　　）

（14）A/D 转换器通常分为直接转换和间接转换两大类。　　　　　　（　　）

（15）若 A/D 转换器输入模拟电压信号的最高变化频率为 10 kHz，则取样频率的下限是 10 kHz。

（　　）

（16）转换速度和转换精度是衡量 A/D、D/A 转换器的重要指标。　（　　）

4. 分析题

电路如图 7.1 所示，图中 AD7520 是数模转换器，输出与输入的关系式 $v_O=-\dfrac{V_{REF}}{2^{10}}D$，

D 为二进制数 $d_9d_8d_7d_6d_5d_4d_3d_2d_1d_0$，RAM 的高 6 位地址始终为 0，表 7.1 中给出了对应低 4

位地址的 16 个数据，CP 的频率为 1 kHz。要求：（1）分析电路的工作过程，说明每个器件的作用；（2）写出输出 v_O 与存储器输出 $D_3D_2D_1D_0$ 的关系表达式；（3）画出 v_O 与 CP 的波形，并标出波形图上各点数值及单位。

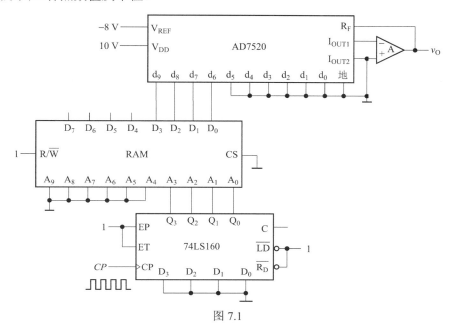

图 7.1

表 7.1

A_3	A_2	A_1	A_0	D_3	D_2	D_1	D_0
0	0	0	0	0	0	0	0
0	0	0	1	0	0	0	1
0	0	1	0	0	0	1	0
0	0	1	1	0	0	1	1
0	1	0	0	0	1	0	0
0	1	0	1	0	1	0	1
0	1	1	0	0	0	0	0
0	1	1	1	0	0	1	1
1	0	0	0	0	0	1	0
1	0	0	1	0	0	0	1
1	0	1	0	0	0	0	1
1	0	1	1	0	0	1	1
1	1	0	0	0	1	0	1
1	1	0	1	0	1	1	1
1	1	1	0	1	0	0	1
1	1	1	1	1	0	1	1

5. 设计题

已知数模转换器 AD7520 的图形符号如图 7.2（a）所示，它的输出与输入的关系式 $v_O = -\dfrac{V_{REF}}{2^{10}}D$，$D$ 为二进制数 $d_9 d_8 d_7 d_6 d_5 d_4 d_3 d_2 d_1 d_0$，它的低六位始终为 0，参考电压 $V_{REF} = -12$ V；已知存储器 RAM 的图形符号如图 7.2（b）所示，它的高 6 位地址始终为 0，要求用数模转换器 AD7520、数据存储器 RAM、计数器设计一个如图 7.2（c）所示的波形发生器，（1）画出完整电路图，说明设计过程；（2）写出 RAM 的数据表；（3）计算时钟 CP 的频率。

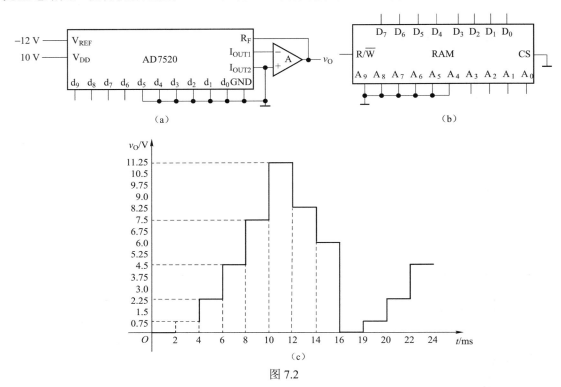

图 7.2

习 题 答 案

第 1 章　数字逻辑基础

1. 选择题答案

题号	（1）	（2）	（3）	（4）	（5）	（6）	（7）	（8）	（9）	（10）
答案	C	BCD	B	D	A	B	AB	CD	C	C
题号	（11）	（12）	（13）	（14）	（15）	（16）	（17）	（18）	（19）	（20）
答案	CD	B	BD	A B	B	ABCD	CD	A	ABCD	D
题号	（21）	（22）	（2 3）	（24）	（25）	（26）	（27）	（28）	（29）	（30）
答案	D	A	D	A	A	D	A	BD	C	A
题号	（31）	（32）	（33）	（34）	（35）	（36）	（37）	（38）	（39）	（40）
答案	C	C	C	ACD	B	C	A	A	B	B
题号	（41）	（42）	（43）	（44）	（45）	（46）	（47）	（48）	（49）	（50）
答案	B	A	D	A	A	D	C	AC	A	D
题号	（51）	（52）	（53）	（54）	（55）	（56）	（57）	（58）	（59）	（60）
答案	AD	D	A	C	B	D	C	D	AD	B D
题号	（61）									
答案	ACD									

2. 填空题答案

（1）电位型　脉冲型

（2）时间　幅值　1　0

（3）逻辑代数　逻辑电路

（4）1　0

（5）二进制　八进制　十六进制

（6）74

（7）57

（8）6.375

（9）15.9375

（10）9.3125

（11）1000011.1

（12）11100.01

（13）262.54　B2.B

（14）11.64　9.D

（15）16.34　E.7

（16）54.63　2C.CC

（17）1B.58　27.343 75

（18）3.32　3.195 312 5

（19）10110001010　1 418

（20）55.25　37.4

（21）3.2　3.125

（22）11001110　206

（23）111101.1011　61.687 5

（24）10001111.11111　143.968 75

（25）10001110.111　142.875

（26）110110

（27）100111.11　47.6　27.C

（28）101111

（29）11111.1　1F.8

（30）11001.1011　31.54　19.B

（31）1101011.0110　153.3　6B.6

（32）10101110.00001111　AE.0F

（33）11110.01　1E.4

（34）11010.1　1A.8

（35）10010　12

（36）11101.0100

（37）11101.11101

（38）8421BCD 码　2421BCD 码　5421BCD 码　余三码　格雷码　奇偶校验码

（39）0001 0110.1000 1001

（40）83

（41）0101　0110

（42）1001　1000

（43）1001110　116　78　4E

（44）11101.1　29.5　1D. 8　0010 1001.0101

（45）1011110.11　136.6　94.75　1001 0100.0111 0101

（46）147　93

（47）01011　01011　01011

（48）1101010　1010101　1010110

（49）11110111

（50）110111

（51）与　或　非

（52）A

（53）1

（54）A

（55）$\overline{A}$

（56）交换律　结合律

（57）代入定理　反演定理　对偶定理

（58）$\overline{A+\overline{B}} \cdot \overline{(\overline{C}+D)(B+C)}$

（59）$(\overline{A}+\overline{B})(A+B)$　$(A+B)(\overline{A}+\overline{B})$

（60）$(A+B)(\overline{A}+C)(B+C)=(A+B)(\overline{A}+C)$

（61）1

（62）0

（63）$\overline{\overline{B\overline{A}(C+D)}}+\overline{(\overline{A}+\overline{B})\overline{C}+D}$

（64）同或门　与非门　或门

（65）8　ABC

（66）$\sum m(3,4,5)+d(6,7)$　$A+BC$

3. 判断题答案

题号	（1）	（2）	（3）	（4）	（5）	（6）	（7）	（8）	（9）	（10）
答案	√	×	√	×	√	×	√	√	√	×
题号	（11）	（12）	（13）	（14）	（15）	（16）	（17）	（18）	（19）	（20）
答案	×	×	×	×	×	×	√	√	√	√
题号	（21）	（22）	（23）	（24）	（25）	（26）	（27）	（28）	（29）	（30）
答案	√	√	×	×	√	√	√	√	×	×
题号	（31）	（32）	（33）	（34）	（35）	（36）	（37）	（38）	（39）	（40）
答案	√	√	×	×	×	×	√	×	×	×
题号	（41）									
答案	×									

4. 简答题答案

（1）**答**：因为数字信号有在时间和幅值上离散的特点，它用二进制的 1 和 0 来表示，在电路中可以用高、低电平两种状态表示。

（2）**答**：格雷码的任意两组相邻代码之间只有一位不同，其余各位都相同，它是一种循环码。这个特性使它在形成和传输过程中可能引起的错误较少，因此称之为可靠性代码。

（3）**答**：奇偶校验码可校验二进制信息在传送过程中 1 的个数为奇数还是偶数，从而发现可能出现的错误。

5. 分析题答案

（1）**解**：$L=\overline{\overline{ABC} \cdot \overline{B\overline{C}}}=\overline{ABC}+B\overline{C}$，已是最简与或式。

（2）解：$L_1 = \overline{A\overline{\overline{B}D}} = A\overline{\overline{B}D} = A(B + \overline{D}) = AB + A\overline{D}$

$L_2 = \overline{\overline{\overline{B}D} \cdot \overline{BCD}} = \overline{B}D + BCD = D(\overline{B} + BC) = \overline{B}D + CD$

（3）解：① $L = \overline{A}\,\overline{B}C + \overline{A}BC + A\overline{B}\,\overline{C}$

② $L = \overline{M}\,\overline{N}PQ + \overline{M}NP\overline{Q} + \overline{M}NPQ + M\overline{N}PQ + MN\overline{P}\,\overline{Q} + MN\overline{P}Q + MNP\overline{Q} + MNPQ$

$= NP + PQ + MN$

6. 公式法化简题答案

（1）解：$L = A\overline{C} + ABC + AC\overline{D} + CD = A(\overline{C} + BC) + C(A\overline{D} + D)$

$\qquad = A(\overline{C} + B) + C(A + D) = A\overline{C} + AB + AC + CD$

$\qquad = A(\overline{C} + C + B) + CD = A(1 + B) + CD = A + CD$

（2）解：$L = \overline{A}\,\overline{B}\,\overline{C} + \overline{A}\,\overline{B}C + \overline{A}BC + A\overline{B}\,\overline{C}$

$\qquad = \overline{A}\,\overline{B} + \overline{A}BC + A\overline{B}\,\overline{C} = \overline{B}(\overline{A} + A\overline{C}) + \overline{A}BC = \overline{A}\,\overline{B} + \overline{B}\,\overline{C} + \overline{A}BC$

$\qquad = \overline{A}\,\overline{B} + \overline{A}C + \overline{B}\,\overline{C} = \overline{A}C + \overline{B}\,\overline{C}$

（3）解：$L = \overline{A}BCD + ABD + A\overline{C}D = AD(\overline{B}C + B + \overline{C}) = AD(C + B + \overline{C}) = AD$

（4）解：$L = A\overline{C} + ABC + AC\overline{D} + CD = A\overline{C} + AB + A\overline{D} + CD = A + CD$

（5）解：$L = A + (B + \overline{C})(A + \overline{B} + C)(A + B + C) = A + \overline{B}C(A + C) = A + \overline{B}C$

（6）解：$L = B\overline{C} + AB\overline{C}E + \overline{B}(\overline{\overline{A}\,\overline{D} + AD}) + B(\overline{A}D + A\overline{D})$

$\qquad = B\overline{C} + \overline{B}(\overline{A}D + A\overline{D}) + B(\overline{A}D + A\overline{D}) = B\overline{C} + \overline{A}D + A\overline{D}$

（7）解：$L = \overline{B}C + \overline{A} + B + \overline{C} = 1$

（8）解：$L = (\overline{A} + B)[(\overline{ACD} + \overline{AD + \overline{B}\,C})A\overline{B}] = \overline{AB}[(\overline{ACD} + \overline{AD + \overline{B}\,C})A\overline{B}] = 0$

（9）解：$L = AB + A\overline{C} + \overline{B}C + B\overline{C} + \overline{B}D + B\overline{D} + AD\overline{E}(F + \overline{G})$

$\qquad = A(B + \overline{C}) + \overline{B}C + B\overline{C} + \overline{B}D + B\overline{D} + AD\overline{E}(F + \overline{G})$

$\qquad = A \cdot \overline{\overline{B}C} + \overline{B}C + B\overline{C} + \overline{B}D + B\overline{D} + AD\overline{E}(F + \overline{G})$

$\qquad = A + \overline{B}C + B\overline{C} + \overline{B}D + B\overline{D} + AD\overline{E}(F + \overline{G})$

$\qquad = A + \overline{B}C + B\overline{C} + \overline{B}D + B\overline{D}$

$\qquad = A + \overline{B}C(D + \overline{D}) + B\overline{C} + \overline{B}D + B\overline{D}(C + \overline{C})$

$\qquad = A + \overline{B}CD + \overline{B}C\overline{D} + B\overline{C} + \overline{B}D + B\overline{D}C + B\overline{D}\,\overline{C}$

$\qquad = A + (\overline{B}CD + \overline{B}D) + (\overline{B}C\overline{D} + B\overline{D}C) + (B\overline{C} + B\overline{D}\,\overline{C})$

$\qquad = A + \overline{B}D + C\overline{D} + B\overline{C}$

7. 最小项表达式答案

（1）解：$L(A, B, C, D) = A\overline{B}\,\overline{C}D + BCD + \overline{A}D = A\overline{B}\,\overline{C}D + (A + \overline{A})BCD + \overline{A}(B + \overline{B})(C + \overline{C})D$

$$= A\bar{B}\,\bar{C}D + ABCD + \bar{A}BCD + \bar{A}BCD + \bar{A}B\bar{C}D + \bar{A}\,\bar{B}CD + \bar{A}\,\bar{B}\,\bar{C}D$$

$$= \sum m\,(1, 3, 5, 7, 9, 15)$$

（2）解： $L(P,M,N) = P\overline{M} + M\overline{N} + N\overline{P} = P\overline{M}N + P\overline{M}\,\overline{N} + PM\overline{N} + \overline{P}M\overline{N} + \overline{P}MN + \overline{P}\,\overline{M}N$

$$= \sum m\,(1, 2, 3, 4, 5, 6)$$

8. 卡诺图化简答案

（1）解： $L = ABC + ABD + \overline{A}CD + \overline{C}\,\overline{D} + A\overline{B}C + \overline{A}C\overline{D}$ 的卡诺图如题图 1.1 所示，$L = A + \overline{D}$ 。

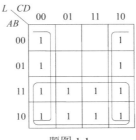

题图 1.1

（2）解： $L = A\overline{C} + \overline{A}C + B\overline{C} + \overline{B}C$ 的卡诺图如题图 1.2 所示，逻辑函数可有如下两种方案。

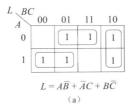 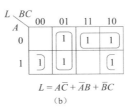

$L = A\overline{B} + \overline{A}C + B\overline{C}$ $L = A\overline{C} + \overline{A}B + \overline{B}C$

（a）   （b）

题图 1.2

（3）解： $L = A\overline{B}C + BC + \overline{A}\,\overline{B}\,\overline{C}D$ 的卡诺图如题图 1.3 所示， $L = AC + BC + \overline{A}BD$ 。

（4）解： $L = A\overline{B} + \overline{A}C + BC + \overline{C}D$ 的卡诺图如题图 1.4 所示， $L = C + D + A\overline{B}$ 。

（5）解： $L = \overline{A}\,\overline{B} + B\overline{C} + \overline{A} + \overline{B} + ABC$ 的卡诺图如题图 1.5 所示，$L = 1$ 。

（6）解： $L = \overline{A}\,\overline{B} + AC + \overline{B}C$ 的卡诺图如题图 1.6 所示，$L = \overline{A}\,\overline{B} + AC$ 。

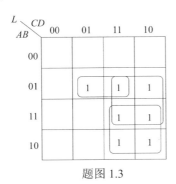 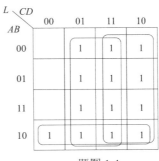

题图 1.3   题图 1.4

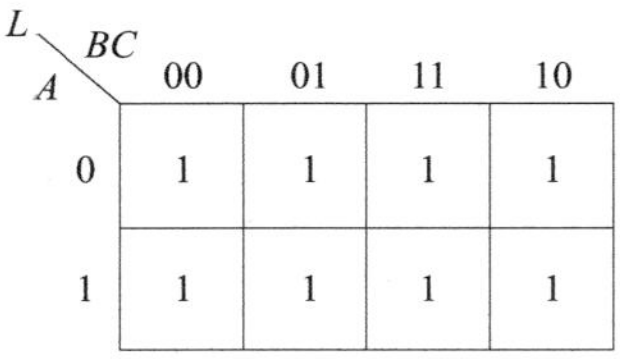

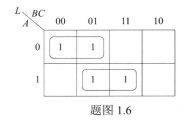

题图 1.5

题图 1.6

（7）**解：** $L = A\overline{B}\,\overline{C} + \overline{A}\,\overline{B} + \overline{A}D + C + BD$ 的卡诺图如题图 1.7 所示，$L = \overline{B} + C + D$。

（8）**解：** $L(A,B,C) = \sum m(1,4,7)$ 的卡诺图如题图 1.8 所示，$L = \overline{A}\,\overline{B}C + A\overline{B}\,\overline{C} + ABC$。

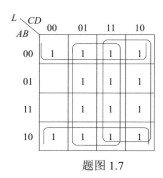

题图 1.7

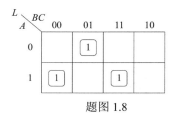

题图 1.8

（9）**解：** $L = A\overline{B} + \overline{A}C + \overline{C}\,\overline{D} + D$ 的卡诺图如题图 1.9 所示，$L = \overline{A} + \overline{B} + \overline{C} + D$。

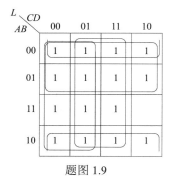

题图 1.9

（10）**解：** $L(A,B,C,D) = \sum m(0,1,2,3,4,6,8,9,10,11,14)$ 的卡诺图如题图 1.10 所示，$L = \overline{B} + \overline{A}\,\overline{D} + C\overline{D}$。

（11）**解：** $L(A,B,C,D) = \sum m(0,1,2,5,8,9,10,12,14)$ 的卡诺图如题图 1.11 所示，$L = A\overline{D} + \overline{B}\,\overline{C} + \overline{B}\,\overline{D} + \overline{A}\,CD$。

9. 含无关项卡诺图化简答案

（1）**解：** 卡诺图如题图 1.12 所示，$L = B\overline{C} + \overline{B}C$。

（2）**解：** 卡诺图如题图 1.13 所示，$L = A + B\overline{C} + \overline{D}$。

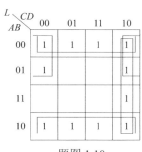

题图 1.10

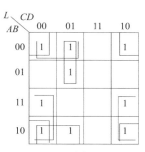

题图 1.11

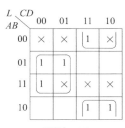

题图 1.12

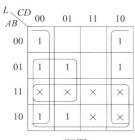

题图 1.13

（3）**解**：卡诺图如题图 1.14 所示，$L = AC + CD + \overline{B}\,\overline{D}$。

（4）**解**：卡诺图如题图 1.15 所示，$L(A,B,C,D) = \overline{A} + \overline{B}\,\overline{D}$。

（5）**解**：卡诺图如题图 1.16 所示，$L = \overline{A} \cdot \overline{B} \cdot \overline{D} + \overline{A} \cdot \overline{C} \cdot \overline{D} + AD$，

或 $L = \overline{B}C\overline{D} + \overline{A} \cdot \overline{C} \cdot \overline{D} + AD$，或 $L = B \cdot \overline{C} \cdot \overline{D} + \overline{A} \cdot \overline{B} \cdot \overline{D} + AD$。

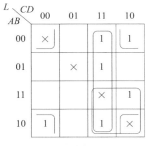

题图 1.14

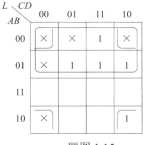

题图 1.15

（6）**解**：$L = C\overline{D}(A \oplus B) + \overline{A}B\overline{C} + \overline{A}\,\overline{C}D = \overline{A}BC\overline{D} + \overline{A}BC\overline{D} + \overline{A}B\overline{C} + \overline{A}\,\overline{C}D$，卡诺图如题图 1.17 所示，$L = B + \overline{A}D + AC$。

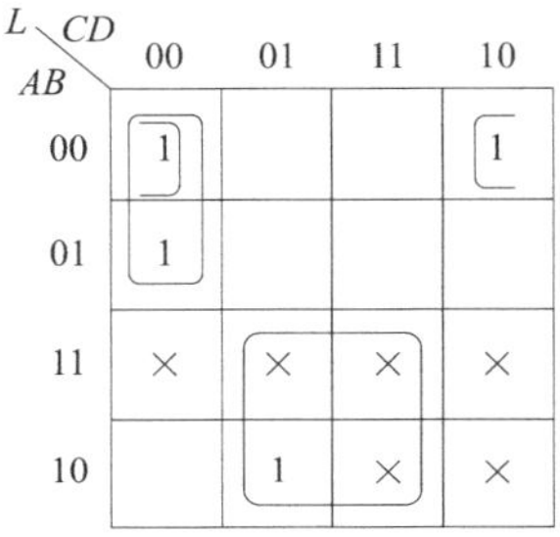

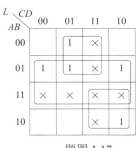

题图 1.16

题图 1.17

（7）**解**：$L = A\overline{B}\,\overline{C} + \overline{A}\,\overline{B}C + ABC + A\overline{B}\overline{C}$ 卡诺图如题图 1.18 所示，$L = A + \overline{B}\,\overline{C} + BC$。

（8）**解**：卡诺图如题图 1.19 所示，$L = \overline{A}\,\overline{B}\,\overline{D} + \overline{A}\,\overline{C}\,\overline{D} + AD$，或 $L = \overline{B}C\overline{D} + \overline{A}\,\overline{C}\,\overline{D} + AD$，或 $L = B\overline{C}\,\overline{D} + \overline{A}\,\overline{B}\,\overline{D} + AD$。

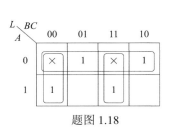

题图 1.18

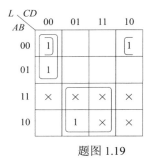

题图 1.19

（9）**解**：$L = (A\overline{B} + B)C\overline{D} + \overline{(A+B)(\overline{B}+C)} = A\overline{B}C\overline{D} + BC\overline{D} + \overline{A}\,\overline{B} + B\overline{C}$，卡诺图如题图 1.20 所示，$L = \overline{A} + B + C$。

（10）**解**：$L(A,B,C,D) = \sum m(6,7,10,12,13,14) + \sum d(0,1,3,8,9,11)$，卡诺图如题图 1.21 所示，$L = \overline{A}BC + A\overline{C} + A\overline{D}$。

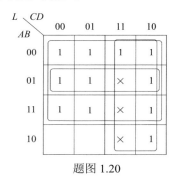

题图 1.20

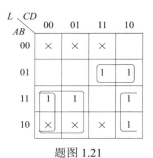

题图 1.21

10. 逻辑函数变换综合题答案

（1）**解**：① 最小项表达式 $L = \overline{A}\,\overline{B} + AC + \overline{B}C = \overline{A}\,\overline{B}\,\overline{C} + \overline{A}\,\overline{B}C + A\overline{B}C + ABC + \overline{A}\,\overline{B}C + A\overline{B}C = \sum m(0,1,5,7)$，卡诺图如题图 1.22（a）所示。

② 最简表达式 $L = \overline{A}\,\overline{B} + AC$。

③ 逻辑图如题图 1.22（b）所示。

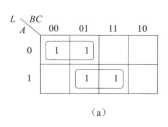

（a）

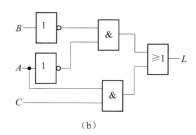

（b）

题图 1.22

（2）**解**：① 真值表：见题表 1.1。

题表 1.1

A	B	C	L	A	B	C	L
0	0	0	0	1	0	0	1
0	0	1	1	1	0	1	1
0	1	0	1	1	1	0	0
0	1	1	×	1	1	1	×

② 卡诺图如题图 1.23（a）所示。

③ 表达式 $L = A\overline{B} + \overline{A}B + C = A \oplus B + C$。

④ 逻辑图如题图 1.23（b）所示。

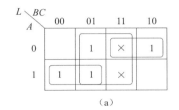
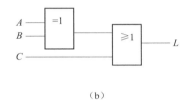

（a）   （b）

题图 1.23

第 2 章　门电路与触发器

1. 选择题答案

题号	（1）	（2）	（3）	（4）	（5）	（6）	（7）	（8）	（9）	（10）
答案	ACD	CD	C	ABD	ABC	B	B	D	A	D
题号	（11）	（12）	（13）	（14）	（15）	（16）	（17）	（18）	（19）	（20）
答案	B	B	D	C	B	ACD	BD	CD	A	ABD
题号	（21）	（22）	（23）	（24）	（25）	（26）	（27）	（28）	（29）	（30）
答案	A	C	B	D	B	C	D	B	D	A C
题号	（31）	（32）	（33）	（34）	（35）	（36）	（37）	（38）	（39）	（40）
答案	B D	C	C	D	C	C	ABCD	D	ACE	BCD
题号	（41）	（42）	（43）	（44）	（45）	（46）	（47）	（48）	（49）	（50）
答案	BCE	BC	BD	A D	C	A	C	A	A	A
题号	（51）	（52）	（53）	（54）						
答案	ABD	D	BC	B						

2. 填空题答案

（1）饱和区　转折区　线性区　截止区

（2）低功耗肖特基

（3）OC　电源　上拉电阻

（4）线与

（5）可以

（6）不能　OC

（7）高电平　低电平　高阻态

（8）高

（9）开关　截止　饱和

（10）0.3 V　3.6 V　1.4 V　0.3 V

（11）低

（12）接高电平　悬空（通过大电阻接地）　　与有用输入端并联

（13）0　1　Z

（14）AB

（15）3.2 V　0.2 V

　　　-1.2 mA　0.04 mA

　　　0.9 V　1.7 V

　　　0.7 V　1.5 V

　　　15　1.3 V

　　　6 mA　-18 mA

（16）0.25 mA　$I_L < I_{OL}$　或非

（17）只能有一个 EN 端为低电平

（18）低电平

（19）高电平

（20）低电平

（21）低电平

（22）高阻

（23）高电平

（24）低电平

（25）高电平

（26）高电平

（27）低电平

（28）低电平

（29）直接连在一起　　多余输入端接高电平

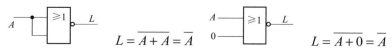

$$L = \overline{A \cdot A} = \overline{A} \qquad\qquad L = \overline{A \cdot 1} = \overline{A}$$

（30）直接连在一起　　多余输入端接低电平

$$L = \overline{A + A} = \overline{A} \qquad\qquad L = \overline{A + 0} = \overline{A}$$

（31）接高电平　接输入变量

$$L = A \oplus 1 = \overline{A}$$

（32）两　8

（33）4

（34）两　1

（35）$Q = 1$、$\overline{Q} = 0$　　$Q = 0$、$\overline{Q} = 1$　　Q

（36）双稳态　0

（37）0　0

（38）$SR = 0$

（39）1　0　时钟脉冲

（40）高

（41）$Q^{n+1} = D$

（42）$Q^{n+1} = J\overline{Q^n} + \overline{K}Q^n$

（43）$\begin{cases} Q^{n+1} = S + \overline{R}Q^n \\ SR = 0 \end{cases}$

（44）$Q^{n+1} = T\overline{Q^n} + \overline{T}Q^n$

（45）空翻　主从式　边沿式

（46）同步或主从　边沿

（47）电平触发、脉冲触发　边沿触发

3. 判断题答案

题号	（1）	（2）	（3）	（4）	（5）	（6）	（7）	（8）	（9）	（10）
答案	√	√	√	×	√	×	√	×	√	√
题号	（11）	（12）	（13）	（14）	（15）	（16）	（17）	（18）	（19）	（20）
答案	√	√	×	×	√	√	√	×	√	√
题号	（21）	（22）	（23）	（24）	（25）	（26）	（27）	（28）	（29）	（30）
答案	√	√	×	√	√	×	√	×	×	√
题号	（31）	（32）	（33）	（34）	（35）	（36）	（37）	（38）	（39）	（40）
答案	√	×	×	×	×	×	×	√	×	×
题号	（41）	（42）	（43）	（44）	（45）	（46）	（47）	（48）	（49）	（50）
答案	×	×	×	√	×	√	√	×	√	×
题号	（51）	（52）	（53）	（54）	（55）	（56）	（57）	（58）	（59）	（60）
答案	√	×	√	×	×	√	√	√	√	√
题号	（61）	（62）	（63）	（64）	（65）	（66）	（67）			
答案	×	×	×	√	×	√	×			

4. 计算题答案

（1）**解**：输出为低电平时，$N_{OL}=n\leqslant\dfrac{I_{OL(max)}}{I_{IL}}=\dfrac{8}{0.4}=20$；

输出为高电平时，$N_{OH}=n'\leqslant\dfrac{I_{OH(max)}}{I_{IH}}=\dfrac{0.4}{0.02}=20$，

$N=\min\{N_{OL},\ N_{OH}\}=\min\{20,\ 20\}=20$，所以，最多可以驱动 20 个同样的反相器。

（2）**解**：输出为低电平时，$N_{OL}=n\leqslant\dfrac{I_{OL(max)}}{I_{IL}}=\dfrac{16}{1.6}=10$；

输出为高电平时，$N_{OH}=n'\leqslant\dfrac{I_{OH(max)}}{I_{IH}}=\dfrac{0.4}{2\times0.04}=5$，

$N=\min\{N_{OL},\ N_{OH}\}=\min\{10,\ 5\}=5$，所以，最多可以驱动 5 个同样的与非门。

（3）**解**：完整电路图如题图 2.1 所示。

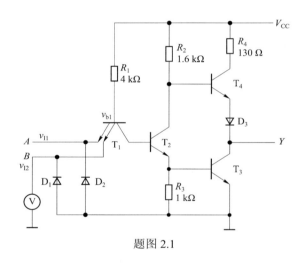

题图 2.1

① v_{I1} 悬空：v_{I1} 悬空时为高电平，$v_{b1}=2.1\ V$，$v_{I2}=2.1\ V-0.7\ V=1.4\ V$；

② $v_{I1}=0.2\ V$：$v_{b1}=0.9\ V$，$v_{I2}=0.9\ V-0.7\ V=0.2\ V$；

③ v_{I1} 接高电平：$v_{b1}=2.1\ V$，$v_{I2}=2.1\ V-0.7\ V=1.4\ V$；

④ $v_{I1}=\dfrac{51}{51+4\,000}\times(5-0.7)=0.012\,589\,484\times4.3=0.053$ （V），

$v_{b1}=0.753\ V$，$v_{I2}=0.753\ V-0.7\ V=0.053\ V\approx0\ V$；

⑤ v_{I1} 经 10 kΩ 电阻接地：v_{I1} 为高电平，$v_{b1}=2.1\ V$，$v_{I2}=2.1\ V-0.7\ V=1.4\ V$。

（4）**解**：或非门各输入端是独立的，v_{I2} 不受 v_{I1} 影响，都是通过一个大电阻接地。

① 1.4 V；② 1.4 V；③ 1.4 V；④ 1.4 V；⑤ 1.4 V。

（5）**解**：CMOS 门电路的输入端电流为零，所以无论通过多大电阻接地，$v_{I2}=Ri=0\ V$。

① 0 V；② 0 V；③ 0 V；④ 0 V；⑤ 0 V。

（6）**解**：① 不可以；② 可以，但必须外接上拉电阻及电源；③ 可以，但任一时刻只能有一个使能端有效；④ 不可以；⑤ 可以，但必须外接上拉电阻及电源；⑥ 可以，但任一时

刻只能有一个使能端有效。

5. 画图题答案

（1）**解**：① 是同步结构的触发器；

② 是 SR 触发器，1 触发有效，逻辑方程：$\begin{cases} Q^{n+1} = S + \overline{R}Q \\ SR = 0 \end{cases}$；

③ 初始状态为 $Q = 0$，Q 和 $\overline{Q}$ 端与之对应的电压波形如题图 2.2 所示。

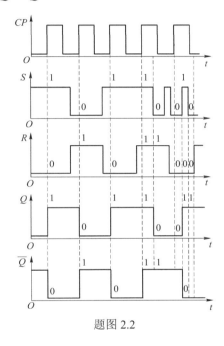

题图 2.2

（2）**解**：① 是同步结构；② 是 D 触发器，逻辑方程：$Q^{n+1} = D$。③ 输出波形如题图 2.3 所示。

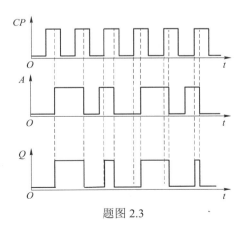

题图 2.3

（3）**解**：① 是边沿结构；② 是 D 触发器，逻辑方程：$Q^{n+1} = D$。③ 输出波形如题图 2.4 所示。

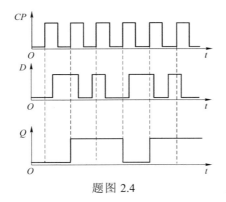

题图 2.4

（4）**解：** ① 采用的是边沿结构的触发器；② 是 D 触发器，逻辑方程：$Q^{n+1} = D$。③ 输出波形如题图 2.5 所示。

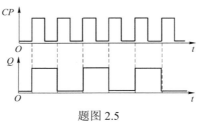

题图 2.5

（5）**解：** ① 表达式：$D = \overline{A\overline{Q^n}}$；$Q^{n+1} = D = \overline{A\overline{Q^n}} = \overline{A} + Q^n$。

② B 端的作用：当 $B = 0$ 时，$\overline{R_D}$ 有效，触发器无条件复位；当 $B = 1$ 时，$\overline{R_D}$ 无效，触发器的状态由 $Q^{n+1} = \overline{A} + Q^n$ 决定，即 B 端用来控制 D 触发器的复位或正常工作。

③ 输出波形如题图 2.6 所示。

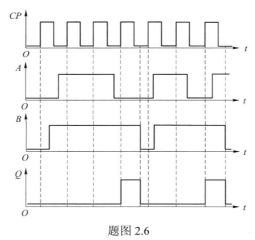

题图 2.6

（6）**解：** ① 采用的是边沿结构的触发器，上升沿变化，且带有低电平有效的直接复位端；

② 是 D 触发器，逻辑方程：$Q^{n+1} = D$；

③ 表达式：$Q_1{}^{n+1} = D_1 = \overline{Q_2}$，$Q_2{}^{n+1} = D_2 = Q_1$，输出方程：$L = \overline{Q_1 + CP}$；

④ 波形图如题图 2.7 所示；

⑤ 是 3 进制脉冲分频电路。

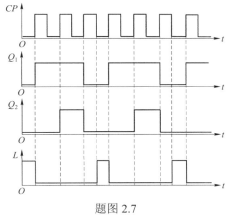

题图 2.7

（7）**解**：① 采用的是边沿结构的触发器；

② 是 D 触发器，逻辑方程 $Q^{n+1} = D$；

③ 状态方程：$Q_1^{n+1} = Q_2^{n+1} = L$，输出方程：$L = \overline{Q_1 + Q_2}$；

④ 波形图如题图 2.8 所示。

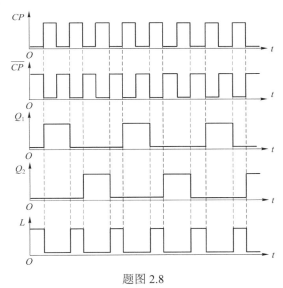

题图 2.8

（8）**解**：① 电路中采用的是边沿结构的触发器，输出在 CP 脉冲的下降沿发生变化；

② 是 JK 触发器，逻辑方程：$Q^{n+1} = J\overline{Q} + \overline{K}Q$；

③ 在五个 CP 脉冲作用下 Q 端波形如题图 2.9 所示。

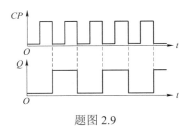

题图 2.9

（9）**解：** ① 电路中采用的是边沿结构的触发器，输出在 CP 脉冲的上升沿发生变化；

② 是 JK 触发器，逻辑方程：$Q^{n+1} = J\overline{Q} + \overline{K}Q$；

③ 在 CP 脉冲作用下 Q 端的波形如题图 2.10 所示。

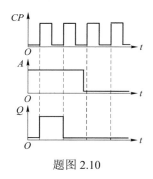

题图 2.10

（10）**解：** ① 电路中采用的是边沿结构的触发器，输出在 CP 脉冲的上升沿发生变化；

② 是 JK 触发器，逻辑方程：$Q^{n+1} = J\overline{Q} + \overline{K}Q$；

③ 在 CP 脉冲作用下 Q 端波形如题图 2.11 所示。

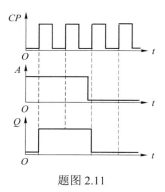

题图 2.11

（11）**解：** ① 电路中采用的是边沿结构的触发器，FF_1 输出在 CP 脉冲的上升沿发生变化，FF_2 输出在 Q_1 的下降沿发生变化；

② FF_1 输出 Q 的表达式：$Q_1^{n+1} = \overline{Q_1}$；

③ 在 CP 脉冲作用下 Q_1、Q_2 端的波形如题图 2.12 所示。

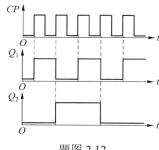

题图 2.12

第 3 章　组合逻辑电路

1. 选择题答案

题号	（1）	（2）	（3）	（4）	（5）	（6）	（7）	（8）	（9）	（10）
答案	AD	B	B	C	A	B	C	AB	A	A
题号	（11）	（12）	（13）	（14）	（15）	（16）	（17）	（18）	（19）	（20）
答案	E	C	B	C	C	A	D	C	C	B
题号	（21）	（22）	（23）	（24）	（25）	（26）	（27）	（28）	（29）	
答案	A	BD	B	AB	BC	CD	D	ACD	AB	

2. 填空题答案

（1）阴　阳

（2）低

（3）该时刻的输入信号

（4）输入　原来　逻辑门

（5）三个一位二进制数相加，产生本位和及向高位进位

（6）高

（7）7

（8）7

（9）D_0　D_1

（10）数据　选择

（11）数据选择器

（12）余 3 码

（13）$\overline{AB}$　$\overline{\overline{A}\,\overline{B}+A\overline{B}}=AB+\overline{A}\,\overline{B}$　$A\overline{B}$

（14）修改逻辑设计　接入滤波电容　加选通脉冲

3. 判断题答案

题号	（1）	（2）	（3）	（4）	（5）	（6）	（7）	（8）	（9）	（10）
答案	√	√	×	√	×	√	×	×	×	×
题号	（11）	（12）	（13）	（14）	（15）	（16）	（17）	（18）	（19）	（20）
答案	×	√	√	√	√	×	√	×	√	√
题号	（21）	（22）								
答案	√	×								

4. 分析题答案

（1）解：$L_1=\overline{A\overline{B}}+\overline{\overline{A}B}=AB+\overline{A}\,\overline{B}$，同或逻辑功能。

$L_2 = A \oplus B = A\bar{B} + \bar{A}B$ ，异或逻辑功能。

（2）**解：** $L = [(A \oplus C_1)(B \oplus C_1)] \oplus C_2$ 。

C_1 和 C_2 为不同组合时电路的逻辑功能见题表 3.1。

题表 3.1

C_1	C_2	输出函数 L 的表达式	功　能
0	0	$L = AB$	与
0	1	$L = \overline{AB}$	与非
1	0	$L = \overline{A+B}$	或非
1	1	$L = A+B$	或

（3）**解：** ① L 的表达式 $L = \overline{A\bar{B}G_1 \cdot \bar{A}\,\bar{B}G_2 \cdot ABG_3}$ 。

② 真值表及逻辑功能说明见题表 3.2。

题表 3.2

G_1	G_2	G_3	L	功能说明
0	0	0	1	输出恒为 1
0	0	1	$A + \bar{B}$	$A \geqslant B$
0	1	0	$A + B$	或
0	1	1	A	输出恒为 A
1	0	0	$\bar{A} + B$	$A \leqslant B$
1	0	1	$A \odot B$	同或
1	1	0	B	输出恒为 B
1	1	1	$A\,B$	与

（4）**解：** ① 逻辑表达式：

$$L = \overline{\bar{Z}_1\bar{Z}_2\bar{Z}_3} = \bar{Z}_1 + \bar{Z}_2 + \bar{Z}_3 = AY + BY + CY$$
$$= A\overline{ABC} + B\overline{ABC} + C\overline{ABC} = A\overline{BC} + B\overline{AC} + C\overline{AB}$$
$$= A\bar{B} + A\bar{C} + \bar{A}B + B\bar{C} + \bar{A}C + \bar{B}C$$

② 真值表见题表 3.3。

题表 3.3

A	B	C	L
0	0	0	0
0	0	1	1

A	B	C	L
0	1	0	1
0	1	1	1
1	0	0	1
1	0	1	1
1	1	0	1
1	1	1	0

③ 由真值表可知：只有 $ABC=000$ 及 111 时，$L=0$；ABC 取值不完全相同时，$L=1$，逻辑功能为判断"不一致"电路。

（5）**解：**① 输出 L 逻辑函数式：$L=AB+BC+CA$。

② 逻辑函数真值表见题表 3.4。

题表 **3.4**

输　　入			输　　出
A	B	C	L
0	0	0	0
0	0	1	0
0	1	0	0
0	1	1	1
1	0	0	0
1	0	1	1
1	1	0	1
1	1	1	1

③ 电路逻辑功能：

当输入 A、B、C 中有 2 个或 3 个为 1 时，输出 L 为 1，否则输出 L 为 0。这个电路是一种 3 人表决用的多数表决电路：只要有 2 人或 3 人同意，表决就通过。

（6）**解：**① 由逻辑图写出逻辑表达式：

$$\begin{cases} L_2 = \overline{\overline{\overline{A}\,\overline{B}\,\overline{C} + A\overline{B}C + \overline{A}BC + AB\overline{C}}} \\ L_1 = \overline{\overline{\overline{A}\,\overline{B} + \overline{B}\,\overline{C} + \overline{A}\,\overline{C}}} \end{cases}$$

② 真值表见题表 3.5。

题表 3.5

输　入			输　出	
C	A	B	L_2	L_1
0	0	0	0	0
0	0	1	1	0
0	1	0	1	0
0	1	1	0	1
1	0	0	1	0
1	0	1	0	1
1	1	0	0	1
1	1	1	1	1

③ 逻辑功能：

当输出配合时，完成 1 位二进制数的全加器，输入 A、B、C 为加数、被加数、低位来的进位信号，输出 L_2 为本位和、L_1 为向高位的进位信号。

当输出单独使用时，输出 L_2 为判奇偶电路，3 个输入中 1 的个数为奇数时，输出为 1；输出 L_1 为 3 输入多数表决电路，2 个及 2 个以上输入为 1 时，输出为 1。

（7）**解**：① 逻辑表达式：$\begin{cases} L_1 = AB + (A \oplus B)C \\ L_2 = A \oplus B \oplus C \end{cases}$。

② 最简与或式：$\begin{cases} L_1 = AB + AC + BC \\ L_2 = \overline{A}\,\overline{B}C + \overline{A}B\overline{C} + A\overline{B}\,\overline{C} + ABC \end{cases}$。

③ 真值表见题表 3.6。

题表 3.6

输　入			输　出	
A	B	C	L_2	L_1
0	0	0	0	0
0	0	1	1	0
0	1	0	1	0
0	1	1	0	1
1	0	0	1	0
1	0	1	0	1
1	1	0	0	1
1	1	1	1	1

④ 逻辑功能：

当输出配合时，完成 1 位二进制数的全加器，输入 A、B、C 为加数、被加数、低位来的进位信号，输出 L_2 为本位和、L_1 为向高位的进位信号。

当输出单独使用时，输出 L_1 为判奇偶电路，3 个输入中 1 的个数为奇数时，输出为 1；输出 L_2 为 3 输入多数表决电路，2 个及 2 个以上输入为 1 时，输出为 1，表决通过。

（8）**解**：①

逻辑表达式：$\begin{cases} L_1 = ABC + (A+B+C) \cdot \overline{AB+AC+BC} = ABC + (A+B+C)(\overline{A}\,\overline{B} + \overline{A}\,\overline{C} + \overline{B}\,\overline{C}) \\ L_2 = AB + BC + AC \end{cases}$；

最简与或式：$\begin{cases} L_1 = \overline{A}\,\overline{B}\,\overline{C} + \overline{A}B\overline{C} + \overline{A}\,B\overline{C} + ABC \\ L_2 = AB + BC + AC \end{cases}$。

② 真值表见题表 3.7。

题表 3.7

输 入			输 出	
A	B	C	L_1	L_2
0	0	0	0	0
0	0	1	1	0
0	1	0	1	0
0	1	1	0	1
1	0	0	1	0
1	0	1	0	1
1	1	0	0	1
1	1	1	1	1

③ 逻辑功能：

当输出配合时，完成 1 位二进制数的全加器，输入 A、B、C 为加数、被加数、低位来的进位信号，输出 L_1 为本位和、L_2 为向高位的进位信号。

当输出单独使用时，输出 L_1 为判奇偶电路，3 个输入中 1 的个数为奇数时，输出为 1；输出 L_2 为 3 输入多数表决电路，2 个及 2 个以上输入为 1 时，输出为 1，表决通过。

（9）**解**：① 根据给出的逻辑图可写出逻辑函数式：

$$\begin{cases} L_3 = \overline{\overline{DC} \cdot \overline{DBA}} = DC + DBA \\ L_2 = \overline{D}CB + D\overline{C}\,\overline{B} + D\overline{C}\,\overline{A} \\ L_1 = \overline{D}\,\overline{C} + \overline{D}\,\overline{B} \end{cases}$$

② 真值表见题表 3.8。

题表 3.8

输 入				输 出		
D	C	B	A	L_3	L_2	L_1
0	0	0	0	0	0	1
0	0	0	1	0	0	1

输　　入				输　　出		
D	C	B	A	L_3	L_2	L_1
0	0	1	0	0	0	1
0	0	1	1	0	0	1
0	1	0	0	0	0	1
0	1	0	1	0	0	1
0	1	1	0	0	1	0
0	1	1	1	0	1	0
1	0	0	0	0	1	0
1	0	0	1	0	1	0
1	0	1	0	0	1	0
1	0	1	1	1	0	0
1	1	0	0	1	0	0
1	1	0	1	1	0	0
1	1	1	0	1	0	0
1	1	1	1	1	0	0

③ 逻辑功能：

判别输入的 4 位二进制数数值的范围。当 $DCBA$ 小于或等于 5 时，L_1 为 1；当这个数在 6 和 10 之间时，L_2 为 1；当这个数大于或等于 11 时，L_3 为 1。

（10）**解：** ① 逻辑表达式：$L = D_7 \oplus D_6 \oplus D_5 \oplus D_4 \oplus D_3 \oplus D_2 \oplus D_1 \oplus D_0$。

② 电路为 8 位二进制数 $D_7 D_6 D_5 D_4 D_3 D_2 D_1 D_0$ 的奇偶检测电路，当 $D_7 D_6 D_5 D_4 D_3 D_2 D_1 D_0$ 中含有奇数个"1"时，输出 $L = 1$；当 $D_7 D_6 D_5 D_4 D_3 D_2 D_1 D_0$ 中含有偶数个"1"时，输出 $L = 0$。

（11）**解：** ① 逻辑表达式：
$$\begin{cases} L_1 = \overline{\overline{\overline{C}\,\overline{B}\,\overline{A}} \cdot \overline{\overline{C}B\overline{A}} \cdot \overline{C\overline{B}\,\overline{A}} \cdot \overline{CB\overline{A}}} = \overline{C}\,\overline{B}\,\overline{A} + \overline{C}B\overline{A} + C\overline{B}\,\overline{A} + CB\overline{A} \\ L_2 = \overline{\overline{\overline{C}\,\overline{B}A} \cdot \overline{\overline{C}BA} \cdot \overline{C\overline{B}A} \cdot \overline{CBA}} = \overline{C}\,\overline{B}A + \overline{C}BA + C\overline{B}A + CBA \end{cases}$$
。

② 真值表见题表 3.9。

题表 3.9

输　　入			输　　出	
C	B	A	L_1	L_2
0	0	0	1	0
0	0	1	0	1
0	1	0	1	0
0	1	1	0	1
1	0	0	1	0
1	0	1	0	1
1	1	0	1	0
1	1	1	0	1

③ 逻辑功能：

判断奇数、偶数电路，当输入的二进制数 CBA 为偶数时，$L_1 = 1$；当输入二进制数 CBA 为奇数时，$L_2 = 1$。

（12）**解：** ① 四个输出函数表达式为
$$\begin{cases} L_1 = \overline{\overline{m_3} \cdot \overline{m_4} \cdot \overline{m_5} \cdot \overline{m_6}} \\ L_2 = \overline{\overline{m_1} \cdot \overline{m_3} \cdot \overline{m_7}} \\ L_3 = \overline{\overline{m_2} \cdot \overline{m_3} \cdot \overline{m_5}} \\ L_4 = \overline{\overline{m_0} \cdot \overline{m_2} \cdot \overline{m_4} \cdot \overline{m_7}} \end{cases}$$

② 化简最简结果为
$$\begin{cases} L_1 = A\overline{C} + \overline{A}BC + A\overline{B} \\ L_2 = BC + \overline{A}C \\ L_3 = \overline{A}B + A\overline{B}C \\ L_4 = \overline{A}\,\overline{C} + \overline{B}\,\overline{C} + ABC \end{cases}$$

（13）**解：** ① 74LS151 的 Y 输出式子

$Y = D_0(\overline{A_2}\,\overline{A_1}\,\overline{A_0}) + D_1(\overline{A_2}\,\overline{A_1}\,A_0) + D_2(\overline{A_2}A_1\,\overline{A_0}) + D_3(\overline{A_2}A_1A_0) + D_4(A_2\overline{A_1}\,\overline{A_0}) + D_5(A_2\overline{A_1}A_0) +$
　　$D_6(A_2A_1\overline{A_0}) + D_7(A_2A_1A_0)$

② 将 $A_2 = C$、$A_1 = B$、$A_0 = A$、$D_0 = D_1 = D_4 = D_5 = D$、$D_6 = \overline{D}$、$D_2 = 1$、$D_3 = D_7 = 0$、$Y = L$ 代入上式得：$L = D\overline{C}\,\overline{B}\,\overline{A} + D\overline{C}\,\overline{B}A + DC\overline{B}\,\overline{A} + DC\overline{B}A + \overline{C}B\overline{A} + \overline{D}CB\overline{A}$。

（14）**解：** ① 输出 L 的逻辑函数式：$L = D\overline{C}\,\overline{B}\,\overline{A} + D\overline{C}\,\overline{B}A + DC\overline{B}\,\overline{A} + DC\overline{B}A + \overline{D}CB\overline{A} + \overline{C}B\overline{A} + \overline{D}\,\overline{C}BA$。

② 最简与或式：$L = D\overline{B} + \overline{D}\,\overline{C}B + \overline{C}B\overline{A} + \overline{D}B\overline{A}$。

（15）**解：** ① 输出 L 的逻辑函数式：$L = (N\overline{M}Q + NMQ)\overline{P} + (\overline{N}MQ + \overline{N}\,\overline{M}Q)P$。

② 最简与或式：$L = NQ\overline{P} + \overline{N}QP$。

（16）**解：** ① 电路结构是 8421BCD 码译码器输出作为 8 选 1 数据选择器的数据输入端，S 控制数据选择器的工作状态。

当 $S = 0$ 时，若 $A_2A_1A_0 = B_2B_1B_0$，则 $L = 1$；若 $A_2A_1A_0 \neq B_2B_1B_0$，则 $L = 0$。

当 $S = 1$ 时，数据选择器不工作，无论 $A_2A_1A_0$ 与 $B_2B_1B_0$ 是否相等，$L = 0$。

② 电路功能：电路为两个三位二进制数 $A_2A_1A_0$ 与 $B_2B_1B_0$ 是否相等的比较电路。

5. 设计题答案

（1）**解：** ① 设 A、B、C、D 为输入，L 为输出，真值表见题表 3.10。

题表 3.10

输入	A	0	0	0	0	0	0	0	0	1	1	1	1	1	1	1	1
	B	0	0	0	0	1	1	1	1	0	0	0	0	1	1	1	1
	C	0	0	1	1	0	0	1	1	0	0	1	1	0	0	1	1
	D	0	1	0	1	0	1	0	1	0	1	0	1	0	1	0	1
输出	L	0	0	0	0	0	0	0	1	0	0	0	1	0	1	1	1

② 由真值表得：

$$L = \overline{A}BCD + A\overline{B}CD + AB\overline{C}D + ABC\overline{D} + ABCD$$

化简并写为与非—与非形式：$L = BCD + ACD + ABD + ABC = \overline{\overline{BCD} \cdot \overline{ACD} \cdot \overline{ABD} \cdot \overline{ABC}}$。

③ 用五个与非门可实现，电路如题图 3.1 所示。

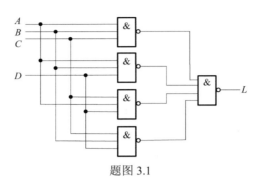

题图 3.1

（2）**解**：① 设输入变量为 X_3、X_2、X_1、X_0，输出变量为 L，真值表见题表 3.11。

题表 3.11

输入	X_3	0	0	0	0	0	0	0	0	1	1	1010～1111
	X_2	0	0	0	0	1	1	1	1	0	0	
	X_1	0	0	1	1	0	0	1	1	0	0	
	X_0	0	1	0	1	0	1	0	1	0	1	
输出	L	1	0	0	0	1	0	0	0	1	0	x

② 用卡诺图化简，得输出最简与或式：$L = \overline{X_1}\ \overline{X_0}$。

③ 整理为或非形式：$L = \overline{X_1 + X_0}$。

④ 逻辑图如题图 3.2 所示。

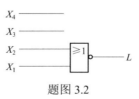

题图 3.2

（3）**解**：① 设定输入变量 A、B 分别表示两台电动机状态，0 表示电动机正常工作，1 表示电动机发生故障；输出变量 L_1、L_2、L_3 分别表示绿灯、黄灯、红灯，1 表示灯亮，0 表示灯灭。

② 按设计要求可得真值表，如题表 3.12 所示。

题表 3.12

输　　入		输　　出		
A	B	L_1	L_2	L_3
0	0	1	0	0
0	1	0	1	0
1	0	0	1	0
1	1	0	0	1

③ 根据真值表求得输出逻辑函数的表达式：$L_1 = \overline{A}\,\overline{B}$，$L_2 = \overline{A}B + A\overline{B} = A \oplus B$，$L_3 = AB$，上述逻辑函数的表达式都是最简，所以不再化简。

④ 根据逻辑函数表达式画出逻辑电路图，如题图 3.3 所示。

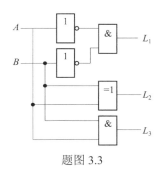

题图 3.3

（4）**解：** ① 输入、输出变量定义：

输入变量为 A、B、C，分别表示三个车间的开工状态，开工为 1，不开工为 0；输出变量为 L_1、L_2，分别控制 G1、G2，G1 和 G2 运行时 L_1、L_2 为 1，不运行时 L_1、L_2 为 0。

② 列真值表，其表见题表 3.13。

题表 3.13

输　　入			输　　出	
A	B	C	L_1	L_2
0	0	0	0	0
0	0	1	0	1
0	1	0	0	1
0	1	1	1	0
1	0	0	0	1
1	0	1	1	0
1	1	0	1	0
1	1	1	1	1

③ 由真值表写出逻辑式：

$$L_1 = \overline{A}BC + A\overline{B}C + AB\overline{C} + ABC$$

$$L_2 = \overline{A}\,\overline{B}C + \overline{A}B\overline{C} + A\overline{B}\,\overline{C} + ABC$$

④ 化简逻辑式并整理为与非—与非形式。

由卡图诺化简可得：

$$L_1 = AB + BC + AC = \overline{\overline{AB} \cdot \overline{BC} \cdot \overline{AC}}$$

$$L_2 = \overline{\overline{\overline{A}\,\overline{B}C} \cdot \overline{\overline{A}B\overline{C}} \cdot \overline{A\overline{B}\,\overline{C}} \cdot \overline{ABC}}$$

⑤ 画出逻辑图，如题图 3.4 所示。

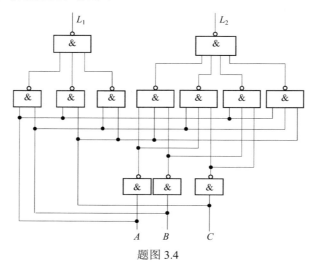

题图 3.4

（5）**解：** ① 设检测元件 A、B、C 为输入，水位低于该检测元件时为 1，水位高于该检测元件时为 0；M_S、M_L 为控制电动机输出信号，该电动机运行时为 1，停止时为 0。真值表见题表 3.14。

题表 3.14

输　　入			输　　出	
A	B	C	M_S	M_L
0	0	0	0	0
0	0	1	1	0
0	1	0	×	×
0	1	1	0	1
1	0	0	×	×
1	0	1	×	×
1	1	0	×	×
1	1	1	1	1

② 转换为卡诺图及电路逻辑图，如题图 3.5 所示。

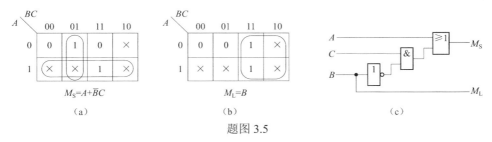

$M_S = A + \overline{B}C$

（a）

$M_L = B$

（b）

（c）

题图 3.5

（6）**解：** 此题的方案有多种。

方案一：利用编码器的输出端 $\overline{Y_{EX}}$，令 A_1、A_2、A_3、A_4 分别接编码器的 $\overline{I_7}$、$\overline{I_6}$、$\overline{I_5}$、$\overline{I_3}$，为低电平有效信号，即呼叫时为 0，不呼叫时为 1。L_1、L_2、L_3、L_4 为护士值班室相应指示灯，有呼叫时亮为 1，无呼叫时灭为 0。

① 列真值表，见题表 3.15。

题表 3.15

输　　入				148 输出				电路输出			
A_1 $\overline{I_7}$	A_2 $\overline{I_6}$	A_3 $\overline{I_5}$	A_4 $\overline{I_3}$	$\overline{Y_2}$	$\overline{Y_1}$	$\overline{Y_0}$	$\overline{Y_{EX}}$	L_1	L_2	L_3	L_4
0	×	×	×	0	0	0	0	1	0	0	0
1	0	×	×	0	0	1	0	0	1	0	0
1	1	0	×	0	1	0	0	0	0	1	0
1	1	1	0	1	0	0	0	0	0	0	1
1	1	1	1	1	1	1	1	0	0	0	0

② 输出逻辑表达式：

$$L_1 = \overline{\overline{\overline{Y_2}\,\overline{Y_1}\,\overline{Y_0}\,\overline{Y_{EX}}}} = \overline{\overline{Y_2} + \overline{Y_1} + \overline{Y_0} + \overline{Y_{EX}}} = \overline{\overline{Y_2} + \overline{Y_1} + \overline{Y_0}} \quad （化简）$$

$$L_2 = \overline{\overline{\overline{Y_2}\,\overline{Y_1}\,Y_0}\;\overline{Y_{EX}}} = \overline{Y_0\,\overline{Y_{EX}}} \quad （化简）$$

$$L_3 = \overline{\overline{\overline{Y_2}\,Y_1\,\overline{Y_0}}\;\overline{Y_{EX}}} = \overline{Y_1\,\overline{Y_{EX}}} \quad （化简）$$

$$L_4 = \overline{Y_2\,\overline{Y_1}\,\overline{Y_0}\,\overline{Y_{EX}}} = \overline{Y_2\,\overline{Y_{EX}}} \quad （化简）$$

③ 电路图如题图 3.6 所示。

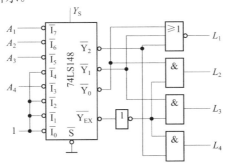

题图 3.6

方案二：利用编码器的输出端 Y_S，令 A_1、A_2、A_3、A_4 分别接编码器的 $\overline{I_7}$、$\overline{I_6}$、$\overline{I_5}$、$\overline{I_3}$，为低电平有效信号，即呼叫时为 0，不呼叫时为 1。L_1、L_2、L_3、L_4 为护士值班室相应指示灯，

有呼叫时亮为 1，无呼叫时灭为 0。

① 列真值表，见题表 3.16。

题表 3.16

输 入				148 输出				电路输出			
A_1 $\overline{I_7}$	A_2 $\overline{I_6}$	A_3 $\overline{I_5}$	A_4 $\overline{I_3}$	$\overline{Y_2}$	$\overline{Y_1}$	$\overline{Y_0}$	Y_S	L_1	L_2	L_3	L_4
0	×	×	×	0	0	0	1	1	0	0	0
1	0	×	×	0	0	1	1	0	1	0	0
1	1	0	×	0	1	0	1	0	0	1	0
1	1	1	0	1	0	0	1	0	0	0	1
1	1	1	1	1	1	1	0	0	0	0	0

② 输出逻辑表达式：

$$L_1 = \overline{\overline{Y_2}\,\overline{Y_1}\,\overline{Y_0}}\,Y_S = \overline{\overline{Y_2} + \overline{Y_1} + \overline{Y_0}}$$
$$L_2 = \overline{Y_0}\,Y_S$$
$$L_3 = \overline{Y_1}\,Y_S$$
$$L_4 = \overline{Y_2}\,Y_S$$

③ 电路图如题图 3.7 所示。

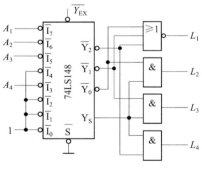

题图 3.7

方案三：不使用编码器的输出端 Y_S 及 $\overline{Y_{EX}}$，令 A_1、A_2、A_3、A_4 分别接编码器的 $\overline{I_7}$、$\overline{I_6}$、$\overline{I_5}$、$\overline{I_4}$，为低电平有效信号，即：呼叫时为 0，不呼叫时为 1。L_1、L_2、L_3、L_4 为护士值班室相应指示灯，有呼叫时亮为 1，无呼叫时灭为 0。

① 列真值表，见题表 3.17。

题表 3.17

输 入				148 输出			电路输出			
A_1 $\overline{I_7}$	A_2 $\overline{I_6}$	A_3 $\overline{I_5}$	A_4 $\overline{I_4}$	$\overline{Y_2}$	$\overline{Y_1}$	$\overline{Y_0}$	L_1	L_2	L_3	L_4
0	×	×	×	0	0	0	1	0	0	0

续表

输　　入				148 输出			电路输出			
A_1 $\overline{I_7}$	A_2 $\overline{I_6}$	A_3 $\overline{I_5}$	A_4 $\overline{I_4}$	$\overline{Y_2}$	$\overline{Y_1}$	$\overline{Y_0}$	L_1	L_2	L_3	L_4
1	0	×	×	0	0	1	0	1	0	0
1	1	0	×	0	1	0	0	0	1	0
1	1	1	0	0	1	1	0	0	0	1
1	1	1	1	1	1	1	0	0	0	0

② 输出逻辑表达式：

化简后结果为： $L_1 = \overline{\overline{Y_1}\,\overline{Y_0}}$ ， $L_2 = \overline{\overline{Y_0}\,\overline{Y_1}}$ ， $L_3 = \overline{\overline{Y_1}\,\overline{Y_0}}$ ， $L_4 = \overline{\overline{Y_2}\,\overline{Y_1}\,\overline{Y_0}}$ 。

③ 电路图如题图 3.8 所示。

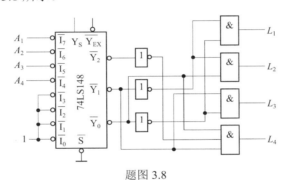

题图 3.8

（7）解：① 74LS138 的输出表达式为： $\overline{Y_i} = \overline{m_i}$ ， $i = 0 \sim 7$ ，将要求的逻辑函数写成最小项表达式： $L = \overline{A}\,\overline{B}\,\overline{C} + \overline{A}B\overline{C} + ABC = m_0 + m_2 + m_7 = \overline{\overline{m_0} \cdot \overline{m_2} \cdot \overline{m_7}}$ 。

② 将逻辑函数与 74LS138 的输出表达式进行比较，设 $A = A_2$ 、 $B = A_1$ 、 $C = A_0$ ，得：
$$L = \overline{\overline{m_0} \cdot \overline{m_2} \cdot \overline{m_7}} = \overline{\overline{Y_0} \cdot \overline{Y_2} \cdot \overline{Y_7}}$$

③ 可用一片 74LS138 再加一个与非门实现函数。其逻辑图如题图 3.9 所示。

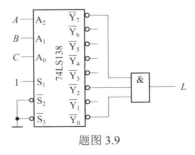

题图 3.9

（8）解：① 逻辑函数写成最小项表达式：
$L = AB + \overline{A}C = ABC + AB\overline{C} + \overline{A}BC + \overline{A}\,\overline{B}C = m_1 + m_3 + m_6 + m_7 = \overline{\overline{m_1} \cdot \overline{m_3} \cdot \overline{m_6} \cdot \overline{m_7}}$

② 将逻辑函数与 74LS138 的输出表达式进行比较，设 $A = A_2$ 、 $B = A_1$ 、 $C = A_0$ ，得：

$$L = \overline{\overline{m_1} \cdot \overline{m_3} \cdot \overline{m_6} \cdot \overline{m_7}} = \overline{\overline{Y_1} \cdot \overline{Y_3} \cdot \overline{Y_6} \cdot \overline{Y_7}}$$

③ 可用一片 74LS138 再加一个与非门实现函数。其逻辑图如题图 3.10 所示。

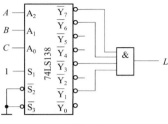

题图 3.10

（9）**解**：① 逻辑函数写成最小项表达式：

$$\begin{cases} L_1 = ABC + A\overline{B}C = m_7 + m_5 = \overline{\overline{m_7} \cdot \overline{m_5}} \\ L_2 = \overline{A}\,\overline{B}C + A\overline{B}\,\overline{C} + \overline{A}BC + ABC = \overline{\overline{m_1} \cdot \overline{m_3} \cdot \overline{m_4} \cdot \overline{m_7}} \\ L_3 = \overline{B}\,\overline{C} + AB\overline{C} = A\overline{B}\,\overline{C} + \overline{A}\,\overline{B}\,\overline{C} + AB\overline{C} = \overline{\overline{m_0} \cdot \overline{m_4} \cdot \overline{m_6}} \end{cases}$$

② 将逻辑函数与 74LS138 的输出表达式进行比较，设 $A=A_2$、$B=A_1$、$C=A_0$，得：

$$\begin{cases} L_1 = \overline{\overline{Y_7} \cdot \overline{Y_5}} \\ L_2 = \overline{\overline{Y_1} \cdot \overline{Y_3} \cdot \overline{Y_4} \cdot \overline{Y_7}} \\ L_3 = \overline{\overline{Y_0} \cdot \overline{Y_4} \cdot \overline{Y_6}} \end{cases}$$

③ 可用一片 74LS138 再加三个与非门实现函数。其逻辑图如题图 3.11 所示。

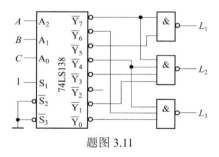

题图 3.11

（10）**解**：① 设输入为 A、B、C，加法器时分别代表被加数、加数、来自低位的进位信号，减法器时分别代表被减数、减数和来自低位的借位信号，输出 L_1、L_2 为加法和及向高位的进位信号，L_3、L_4 为减法差数及向高位的借位信号，由加法及减法规则列出真值表，见题表 3.18。

题表 3.18

输　　入			输　　出			
A	B	C	L_1	L_2	L_3	L_4
0	0	0	0	0	0	0

续表

输 入			输 出			
A	B	C	L_1	L_2	L_3	L_4
0	0	1	1	0	1	1
0	1	0	1	0	1	1
0	1	1	0	1	0	1
1	0	0	1	0	1	0
1	0	1	0	1	0	0
1	1	0	0	1	0	0
1	1	1	1	1	1	1

② 由真值表得函数逻辑表达式为

$$L_1 = L_3 = m_1 + m_2 + m_4 + m_7 = \overline{\overline{m_1} \cdot \overline{m_2} \cdot \overline{m_4} \cdot \overline{m_7}}$$

$$L_2 = m_3 + m_5 + m_6 + m_7 = \overline{\overline{m_3} \cdot \overline{m_5} \cdot \overline{m_6} \cdot \overline{m_7}}$$

$$L_4 = m_1 + m_2 + m_3 + m_7 = \overline{\overline{m_1} \cdot \overline{m_2} \cdot \overline{m_3} \cdot \overline{m_7}}$$

③ 将逻辑函数与 74LS138 的输出表达式进行比较，设 $A=A_2$、$B=A_1$、$C=A_0$，可用一片 74LS138 再加三个与非门实现函数。其逻辑图如题图 3.12 所示。

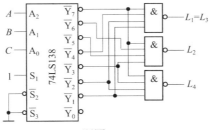

题图 3.12

（11）**解：** ① 需要 2 片 74LS154。

② 电路接线图及输入、输出变量标注，如题图 3.13 所示。

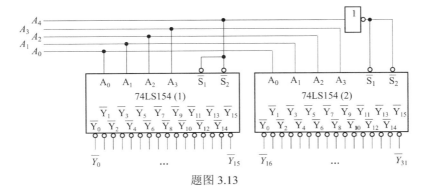

题图 3.13

（12）**解**：① 逻辑函数写成最小项表达式：

$$\begin{cases} L_1 = \overline{A}\,\overline{B}\,\overline{C}D + \overline{A}\,BC\overline{D} + A\overline{B}C\,\overline{D} + A\overline{B}\,\overline{C}\,\overline{D} = \overline{\overline{m_1} \cdot \overline{m_2} \cdot \overline{m_4} \cdot \overline{m_8}} \\ L_2 = ABCD + \overline{A}BCD + AB\overline{C}D + ABC\overline{D} = \overline{\overline{m_7} \cdot \overline{m_{11}} \cdot \overline{m_{13}} \cdot \overline{m_{14}}} \\ L_3 = \overline{A}BC\,\overline{D} + \overline{A}BCD + \overline{A}B\overline{C}D + \overline{A}BCD = \overline{\overline{m_4} \cdot \overline{m_5} \cdot \overline{m_6} \cdot \overline{m_7}} \end{cases}$$

② 将逻辑函数与 74LS154 的输出表达式进行比较，设 $A=A_3$、$B=A_2$、$C=A_1$、$D=A_0$；

③ 可用一片 74LS154 再加三个与非门实现函数。其逻辑图如题图 3.14 所示。

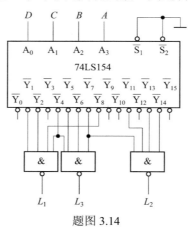

题图 3.14

（13）**解**：① 8 选 1 数据选择器的输出逻辑写为

$$Y = (\overline{A_2}\,\overline{A_1}\,\overline{A_0}) \cdot D_0 + (\overline{A_2}\,\overline{A_1}A_0) \cdot D_1 + (\overline{A_2}A_1\overline{A_0}) \cdot D_2 + (\overline{A_2}A_1A_0) \cdot D_3 + (A_2\overline{A_1}\,\overline{A_0}) \cdot$$
$$D_4 + (A_2\overline{A_1}A_0) \cdot D_5 + (A_2A_1\overline{A_0}) \cdot D_6 + (A_2A_1A_0) \cdot D_7$$

② 将 $Y = AB\overline{C} + \overline{A}BC + \overline{A}\,\overline{B}$ 化成与上式对应的形式：

$$L = \overline{A}\,\overline{B}\,\overline{C} \cdot 1 + \overline{A}\,\overline{B}C \cdot 1 + \overline{A}B\overline{C} \cdot 0 + \overline{A}BC \cdot 1 + A\overline{B}\,\overline{C} \cdot 0 + A\overline{B}C \cdot 0 + AB\overline{C} \cdot 1 + ABC \cdot 0$$

将以上两式比较，将输入变量接选择线，$A_2 = A$，$A_1 = B$，$A_0 = C$，将数据线接常数，$D_0 = D_1 = D_3 = D_6 = 1$、$D_2 = D_4 = D_5 = D_7 = 0$，$Y = L$，则数据选择器的输出即为所需的逻辑函数。

③ 用一片 74LS151 实现该函数的逻辑图，如题图 3.15 所示。

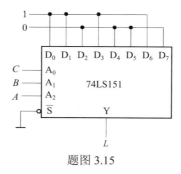

题图 3.15

（14）**解**：① CC4512 的输入、输出关系：

$$Y = [(\overline{A_2}\,\overline{A_1}\,\overline{A_0}) \cdot D_0 + (\overline{A_2}\,\overline{A_1}A_0) \cdot D_1 + (\overline{A_2}A_1\overline{A_0}) \cdot D_2 + (\overline{A_2}A_1A_0) \cdot D_3 + (A_2\overline{A_1}\,\overline{A_0}) \cdot D_4 + (A_2\overline{A_1}A_0) \cdot$$
$$D_5 + (\overline{A_2}\,\overline{A_1}A_0) \cdot D_6 + (A_2A_1A_0) \cdot D_7]\overline{DIS} \cdot \overline{INH}$$

② 将 $L = A\overline{C}D + \overline{A}\,\overline{B}CD + BC + B\overline{C}\,\overline{D}$ 化成与上式对应的形式：

$$Y = AB\overline{C}D + A\overline{B}\,\overline{C}D + \overline{A}\,\overline{B}CD + ABC \cdot 1 + \overline{A}BC \cdot 1 + AB\overline{C}\,\overline{D} + \overline{A}B\overline{C}\,\overline{D}$$

$$= AB\overline{C} \cdot 1 + A\overline{B}\,\overline{C}D + \overline{A}\,\overline{B}CD + ABC \cdot 1 + \overline{A}BC \cdot 1 + \overline{A}B\overline{C}\,\overline{D}$$

将以上两式比较，将输入变量接选择线，$A_2 = A$，$A_1 = B$，$A_0 = C$（A、C 反接，结果相同），将数据线接 $D_7 = D_3 = D_6 = 1$、$D_1 = D_4 = D$、$D_2 = \overline{D}$、$D_5 = D_0 = 0$，$Y = L$，则数据选择器的输出即为所需的逻辑函数。

③ 用一片 CC4512 实现该函数的逻辑图，如题图 3.16 所示。

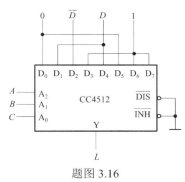

题图 3.16

（15）**解**：① CC4512 的输入输出关系：

$$Y = [(\overline{A}_2\overline{A}_1\overline{A}_0) \cdot D_0 + (\overline{A}_2\overline{A}_1 A_0) \cdot D_1 + (\overline{A}_2 A_1\overline{A}_0) \cdot D_2 + (\overline{A}_2 A_1 A_0) \cdot$$
$$D_3 + (A_2\overline{A}_1\overline{A}_0) \cdot D_4 + (A_2\overline{A}_1 A_0) \cdot D_5 + (A_2 A_1\overline{A}_0) \cdot D_6 + (A_2 A_1 A_0) \cdot D_7]\overline{DIS} \cdot \overline{INH}$$

② 将 $Y = AC + A\overline{B}\overline{C} + \overline{A}\,\overline{B}C$ 化成与上式对应的形式：

$$Y = \overline{A}\,\overline{B}\,\overline{C} \cdot 0 + \overline{A}\,\overline{B}C \cdot 1 + \overline{A}B\overline{C} \cdot 1 + \overline{A}BC \cdot 0 + A\overline{B}\,\overline{C} \cdot 0 + A\overline{B}C \cdot 1 + AB\overline{C} \cdot 0 + ABC \cdot 1$$

$$Y = ABC + A\overline{B}C + \overline{A}B\overline{C} + \overline{A}\,\overline{B}C = \sum m(7,5,2,1)$$

将以上两式比较，令 $A_2 = A$，$A_1 = B$，$A_0 = C$，且 $D_1 = D_2 = D_5 = D_7 = 1$、$D_0 = D_3 = D_4 = D_6 = 0$，$Y = L$，则数据选择器的输出即为所需的逻辑函数。

③ 用一片 CC4512 实现该函数的逻辑图，如题图 3.17 所示。

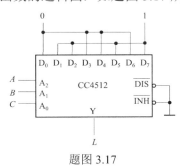

题图 3.17

（16）**解**：① 三个开关用输入变量 A、B、C 表示，为 0 时开关为断开状态，为 1 时开关为闭合状态。输出电灯状态用变量 L 表示，为 0 时电灯灭，为 1 时电灯亮。真值表见题表 3.19。

题表 3.19

输入			输出
A	B	C	L
0	0	0	0
0	0	1	1
0	1	0	1
0	1	1	0
1	0	0	1
1	0	1	0
1	1	0	0
1	1	1	1

② 输出表达式为：

$$L = \overline{A}\,\overline{B}C + \overline{A}B\overline{C} + A\overline{B}\,\overline{C} + ABC = m_1 + m_2 + m_4 + m_7$$

令 $A_2 = A$，$A_1 = B$，$A_0 = C$，且 $D_1 = D_2 = D_4 = D_7 = 1$、$D_0 = D_3 = D_5 = D_6 = 0$，$Y = L$，则数据选择器的输出即为所需的逻辑函数。

③ 用一片 74LS151 实现该函数的逻辑图，如题图 3.18 所示。

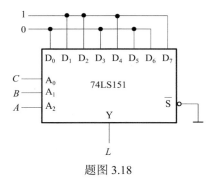

题图 3.18

（17）**解**：① 设输出结果用 L 表示，根据题意可列出真值表，见题表 3.20。

题表 3.20

输入	M	0	0	0	0	0	0	0	0	1	1	1	1	1	1	1	1
	A	0	0	0	0	1	1	1	1	0	0	0	0	1	1	1	1
	B	0	0	1	1	0	0	1	1	0	0	1	1	0	0	1	1
	C	0	1	0	1	0	1	0	1	0	1	0	1	0	1	0	1
输出	L	1	0	0	0	0	0	0	1	0	0	0	1	0	1	1	1

② 由真值表得到逻辑式为

$$L = (\overline{A}\,\overline{B}\,\overline{C} + ABC)\overline{M} + (\overline{A}\overline{B}C + \overline{A}B\overline{C} + AB\overline{C} + ABC)M$$

$$= \overline{A}\,\overline{B}\,\overline{C}\cdot\overline{M} + \overline{A}\,\overline{B}C\cdot 0 + \overline{A}\overline{B}C\cdot 0 + \overline{A}BC\cdot M + A\overline{B}\,\overline{C}\cdot 0 + A\overline{B}C\cdot M + AB\overline{C}\cdot M + ABC\cdot 1$$

用 CC4512 设计时，令 $A_2 = A$，$A_1 = B$，$A_0 = C$，且 $D_0 = \overline{M}$，$D_3 = D_5 = D_6 = M$，$D_7 = 1$，$D_1 = D_2 = D_4 = 0$，$Y = L$，则数据选择器的输出即为所需的逻辑函数。

③ 用一片 CC4512 实现该函数的逻辑图，如题图 3.19 所示。

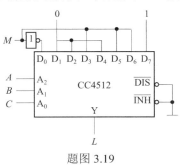

题图 3.19

（18）**解：** ① 从余 3 码中减 3 即可得到 8421BCD 码。减 3 可通过加它的补码实现，若输入的余 3 码为 $D_3D_2D_1D_0$，输出的 8421BCD 码为 $L_3L_2L_1L_0$，则有：

$$L_3L_2L_1L_0 = D_3D_2D_1D_0 + [0011]_{补} = D_3D_2D_1D_0 + 1101$$

② 用一片 74LS283 实现将余 3 代码转换成 8421BCD 的二—十进制代码的逻辑图，如题图 3.20 所示。

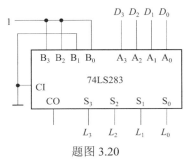

题图 3.20

（19）**解：** ① 设计原理：设两个四位二进制数为 $d_3d_2d_1d_0$、$n_3n_2n_1n_0$。

加法运算时，直接输入到 74LS283 的输入端，可得和及进位信号。

减法运算时，利用补码将减法变为加法。

根据逻辑运算公式：$A \oplus 0 = A$，$A \oplus 1 = \overline{A}$，用变量 M 控制原码及反码，$M = 0$，异或得原码；$M = 1$，异或得反码，再利用低位的输入信号 $CI = M$，可以得到补码。

② 电路原理如题图 3.21 所示。

当 $M = 0$ 时，$d_3d_2d_1d_0$、$n_3n_2n_1n_0$ 做加法运算，输出 $S_3S_2S_1S_0$ 为和，输出 S_F 为进位信号，无进位时 $S_F = 0$，有进位时 $S_F = 1$，实际结果为 $S_F S_3S_2S_1S_0$。

当 $M = 1$ 时，$d_3d_2d_1d_0$、$n_3n_2n_1n_0$ 做减法运算，输出 $S_3S_2S_1S_0$ 为差的补码，输出 S_F 为借位信号，无借位时 $S_F = 0$，有借位时 $S_F = 1$，实际结果为 $S_3S_2S_1S_0 - S_F0000$。或者说，当 $S_F = 0$ 时，差为正数 $S_3S_2S_1S_0$；当 $S_F = 1$ 时，差为负数，真值为 $S_3S_2S_1S_0$ 按位取反再加 1。

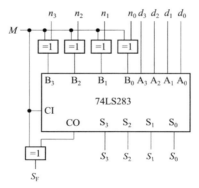

题图 3.21

③ 举例说明：

a. $d_3d_2d_1d_0 = 1000$，$n_3n_2n_1n_0 = 0101$，$A_3A_2A_1A_0 = 1000$，$B_3B_2B_1B_0 = 0101$，则 $d_3d_2d_1d_0 + n_3n_2n_1n_0$ 时，$M = 0$，$S_3S_2S_1S_0 = 1101$，$CO = 0$，$S_F = 0$，实际结果可以表示为 $S_F S_3S_2S_1S_0 = 01101$。$8 + 5 = 13$，无进位。

b. $d_3d_2d_1d_0 = 1000$，$n_3n_2n_1n_0 = 1100$，$A_3A_2A_1A_0 = 1000$，$B_3B_2B_1B_0 = 1100$，则 $d_3d_2d_1d_0 + n_3n_2n_1n_0$ 时，$M = 0$，$S_3S_2S_1S_0 = 0100$，$CO = 1$，$S_F = 1$，实际结果可以表示为 $S_F S_3S_2S_1S_0 = 10100$，即 $8 + 12 = 20$，有进位。

c. $d_3d_2d_1d_0 = 1100$，$n_3n_2n_1n_0 = 1000$，$A_3A_2A_1A_0 = 1100$，$B_3B_2B_1B_0 = 0111$，则 $d_3d_2d_1d_0 - n_3n_2n_1n_0$ 时，$M = 1$，$S_3S_2S_1S_0 = 1100 + 0111 + 1 = 0100$，$CO = 1$，$S_F = CO \oplus M = 0$，实际结果可以表示为 $S_3S_2S_1S_0 - S_F 0000 = 0100 - 00000 = 4 - 0 = 4$，即 $12 - 8 = 4$，无借位，即相减结果为 +4。

d. $d_3d_2d_1d_0 = 1000$，$n_3n_2n_1n_0 = 1100$，$A_3A_2A_1A_0 = 1000$，$B_3B_2B_1B_0 = 0011$，则：$d_3d_2d_1d_0 - n_3n_2n_1n_0$ 时，$M = 1$，$S_3S_2S_1S_0 = 1000 + 0011 + 1 = 1100$，$CO = 0$，$S_F = CO \oplus M = 1$，实际结果可以表示为 $S_3S_2S_1S_0 - S_F 0000 = 1100 - 10000 = 12 - 16 = -4$，即 $8 - 12 = -4$，有借位。或根据 $S_F = 1$ 知结果为负数，差为 -4。

第 4 章　时序逻辑电路

1. 选择题答案

题号	（1）	（2）	（3）	（4）	（5）	（6）	（7）	（8）	（9）	（10）
答案	BD	BC	AB	BC	C	CD	C	A	C	B
题号	（11）	（12）	（13）	（14）	（15）	（16）	（17）	（18）	（19）	（20）
答案	A	D	B	B	B	B	D	D	A	C
题号	（21）	（22）	（23）	（24）	（25）	（26）	（27）	（28）	（29）	（30）
答案	C	B	B	A	BC	D	A	D	C	A
题号	（31）	（32）								
答案	B	B								

2. 填空题答案

（1）组合逻辑电路　时序逻辑电路

（2）电路当时的输入　原来的状态

（3）组合电路　存储电路

（4）同步　异步

（5）同一个 CP　不是同一个

（6）驱动方程或激励方程　状态方程　输出方程

（7）状态图　状态转换表　时序波形图

（8）状态图

（9）S_2　S_3

（10）3 2

（11）4

（12）加法　减法

（13）6

（14）5　能

（15）400 kHz　40 kHz　2 500 Hz

（16）40 kHz

（17）800 μs

（18）4

（19）移位　数码

3. 判断题答案

题号	（1）	（2）	（3）	（4）	（5）	（6）	（7）	（8）	（9）	（10）
答案	√	×	×	√	×	√	√	√	√	√
题号	（11）	（12）	（13）	（14）	（15）	（16）	（17）	（18）	（19）	（20）
答案	×	√	×	√	×	√	×	√	×	√
题号	（21）	（22）	（23）	（24）	（25）	（26）	（27）	（28）	（29）	（30）
答案	√	√	×	√	√	×	×	×	√	×
题号	（31）	（32）	（33）	（34）	（35）	（36）	（37）	（38）	（39）	（40）
答案	√	×	√	×	×	√	√	×	×	√
题号	（41）	（42）								
答案	√	×								

4. 分析题答案

（1）**解：** ① 激励方程：$J_0 = K_0 = 1$，$J_1 = K_1 = \overline{Q_0}$，$J_2 = K_2 = \overline{Q_0}\,\overline{Q_1}$。

② 状态方程：$Q_0^{n+1} = J_0\overline{Q_0} + \overline{K_0}Q_0 = \overline{Q_0}\ (CP\downarrow)$

$$Q_1^{n+1} = J_1\overline{Q_1} + \overline{K_1}Q_1 = \overline{Q_0}\,\overline{Q_1} + Q_0Q_1\ (CP\downarrow)$$

$$Q_2^{n+1} = J_2\overline{Q_2} + \overline{K_2}Q_2 = \overline{\overline{Q_0}\,\overline{Q_1}}\,\overline{Q_2} + \overline{\overline{Q_0}\,\overline{Q_1}}Q_2 \quad (CP\downarrow)$$

③ 状态转换真值表，见题表 4.1。

题表 4.1

CP	Q_2	Q_1	Q_0	Q_2^{n+1}	Q_1^{n+1}	Q_0^{n+1}
1	0	0	0	1	1	1
2	1	1	1	1	1	0
3	1	1	0	1	0	1
4	1	0	1	1	0	0
5	1	0	0	0	1	1
6	0	1	1	0	1	0
7	0	1	0	0	0	1
8	0	0	1	0	0	0

④ 状态转换图如题图 4.1 所示。

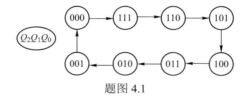

题图 4.1

⑤ 逻辑功能：从状态转换图可知，随着 CP 脉冲的递增，触发器输出 $Q_2Q_1Q_0$ 值是递减的，且经过 8 个 CP 脉冲完成一个循环过程。所以，此电路是一个同步三位二进制（八进制）减法计数器。

（2）**解**：① 激励方程：$J_0 = K_0 = \overline{Q_2}$，$J_1 = K_1 = Q_0$，$J_2 = Q_1Q_0$，$K_2 = Q_2$。

② 状态方程：$Q_0^{n+1} = J_0\overline{Q_0} + \overline{K_0}Q_0 = \overline{Q_2}\,\overline{Q_0} + Q_2Q_0 = \overline{Q_2 \oplus Q_0} \quad (CP\downarrow)$

$$Q_1^{n+1} = J_1\overline{Q_1} + \overline{K_1}Q_1 = Q_0\overline{Q_1} + \overline{Q_0}Q_1 = Q_1 \oplus Q_0 \quad (CP\downarrow)$$

$$Q_2^{n+1} = J_2\overline{Q_2} + \overline{K_2}Q_2 = \overline{Q_2}Q_1Q_0 \quad (CP\downarrow)$$

③ 输出方程：$L = Q_2$。

④ 状态转换图如题图 4.2 所示。

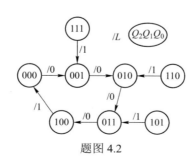

题图 4.2

⑤ 电路逻辑功能：五进制计数器，电路能自启动。

（3）解：① 激励方程：$D_0 = \overline{Q_2}$，$D_1 = Q_0$，$D_2 = Q_1 Q_0$。

② 状态方程：$Q_0^{n+1} = D_0 = \overline{Q_2}(CP\uparrow)$，$Q_1^{n+1} = D_1 = Q_0(CP\uparrow)$，$Q_2^{n-1} = D_2 = Q_1 Q_0(CP\uparrow)$。

③ 输出方程：$L = \overline{Q_2 \overline{Q_0}}$。

④ 状态转换图如题图 4.3 所示。

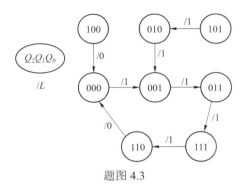

题图 4.3

⑤ 电路逻辑功能：五进制计数器，电路能自启动。

（4）解：① 激励方程：$J_0 = K_0 = 1$，$J_1 = K_1 = \overline{A} \oplus Q_0$。

② 状态方程：$Q_0^{n+1} = J_0 \overline{Q_0} + \overline{K_0} Q_0 = \overline{Q_0}(CP\downarrow)$

$Q_1^{n+1} = J_1 \overline{Q_1} + \overline{K_1} Q_1 = (\overline{A} \oplus Q_0)\overline{Q_1} + \overline{\overline{A} \oplus Q_0} Q_1 = \overline{A} \oplus Q_1 \oplus Q_0 (CP\downarrow)$

③ 输出方程：$L = \overline{A} Q_1 Q_0 + A \overline{Q_1}\,\overline{Q_0}$。

④ 状态转换图如题图 4.4 所示。

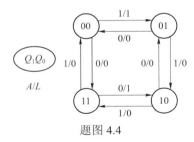

题图 4.4

⑤ 电路逻辑功能：可逆四进制计数器，$A=1$ 时为四进制加法计数，$A=0$ 时为四进制减法计数。电路能自启动。

（5）解：① 电路结构：由左边八个 D 触发器构成两个四位右移寄存器，由全加器进行逐位相加，整个电路为二个四位二进制数的全加器，进位信号存储在右下方的触发器中。经过四个脉冲后，$A_3 A_2 A_1 A_0$ 中结果是和，CO 中结果是进位。

② 加入四个脉冲时电路的状态分别如题表 4.2 所示。四个脉冲后 $A_3 A_2 A_1 A_0 = 0001$（和），$B_3 B_2 B_1 B_0 = 0000$，进位信号 $CO = 1$，即表示：$1010 + 0111 = 10001$。

③ 电路功能：两个四位二进制数的串行全加器。

题表 4.2

CP	A	B	CI	CO	S
0	1010	0111	0	0	1
1	1101	0011	0	1	0
2	0110	0001	1	1	0
3	0011	0000	1	1	0
4	0001	0000	1	1	0

（6）**解：** ① 状态转换图如题图 4.5 所示。

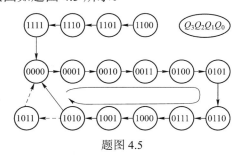

题图 4.5

② 电路功能：十一进制计数器。从 0000 开始计数，当 $Q_3Q_2Q_1Q_0$ 为 1011 时，通过与非门异步清零，完成一个计数周期。

（7）**解：** ① $A=1$ 和 $A=0$ 时状态转换图如题图 4.6 所示。

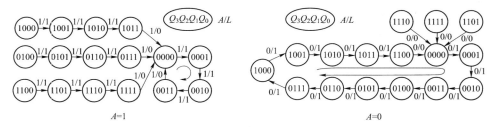

题图 4.6

② 电路功能：$A=1$ 时为四进制计数器，$A=0$ 时为十三进制计数器。通过与非门同步置数控制，完成一个计数周期，其他初始状态时，可以自启动。

（8）**解：** ① 状态转换图如题图 4.7 所示。

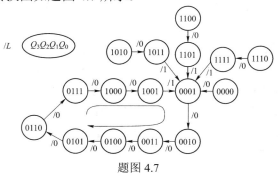

题图 4.7

② 电路功能：九进制计数器。从 0001 开始计数，当 $Q_3Q_2Q_1Q_0$ 为 1001 时，通过与非门同步置数控制，完成一个计数周期，其他初始状态时，可以自启动。

（9）**解：** ① $A=0$ 和 $A=1$ 时状态转换图如题图 4.8 所示。

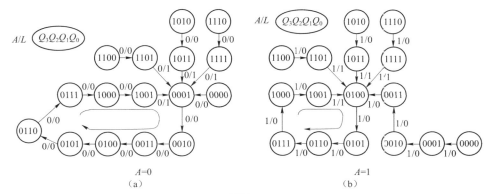

$A=0$ $A=1$
（a）   （b）

题图 4.8

② 电路功能：$A=0$ 时为九进制计数器，$A=1$ 时为六进制计数器。通过进位信号及非门控制同步置数信号，完成一个计数周期，其他初始状态时，可以自启动。

（10）**解：** ① 74LS161（1）接成了六进制计数器，74LS161（2）接成了八进制计数器。

② 两片之间是六进制。

③ 两级之间采用的是串行连接方式。

④ 电路的计数器的分频比是 $6 \times 8 = 48$。

⑤ 电路状态 $Q_3Q_2Q_1Q_0$（2） $Q_3Q_2Q_1Q_0$（1）：0000 0000→0000 0001→…→0000 0101→0001 0000→0001 0001→…→0001 0101→0010 0000→0010 0001→…→0010 0101→0011 0000→0011 0001→…→0011 0101→0100 0000→0100 0001→…→0100 0101→0101 0000→…→0101 0101→0110 0000→…→0110 0101→0111 0000→…→0111 0101→0000 0000。

（11）**解：** ① 74LS161（1）接成了六进制计数器，74LS161（2）接成了十进制计数器。

② 两片之间是六进制。

③ 两级之间采用的是串行连接方式。

④ 电路的计数器的分频比是 $6 \times 10 = 60$。

⑤ 电路状态 $Q_3Q_2Q_1Q_0$（2） $Q_3Q_2Q_1Q_0$（1）：0110 1010→0110 1011→…→0110 1111→0111 1010→0111 1011→…→0111 1111→1000 1010→1000 1011→…→1000 1111→1110 1010→1110 1011→…→1110 1111→1111 1010→1111 1011…→1111 1111→0110 1010。

（12）**解：** ① 每片 74LS161 接成的是十六进制的计数器。

② 两片之间为十六进制。

③ 两级之间采用的是并行连接方式，整个电路是整体置数方式。

④ 整个电路为七十五进制，$4 \times 16 + 10 + 1 = 75$。

⑤ 电路状态 $Q_3Q_2Q_1Q_0$（2） $Q_3Q_2Q_1Q_0$（1）：0、0→…→0、15→1、0→…→1、15→2、0→…→2、15→3、0→…→3、15→4、0→…→4、10→0、0，共 75 个状态。

（13）**解：** ① 74LS161（1）未加任何反馈电路，为十六进制，74LS161（2）通过预置数法接成十进制。

② 两者为并行连接方式。

③ 构成 160 分频电路。

④ 输出信号 L 的频率 $f = \dfrac{16\,\text{MHz}}{160}$，周期 $T = \dfrac{1}{f} = \dfrac{160}{16 \times 10^6} = 10^{-5}\,\text{s} = 10\,\mu\text{s}$。

（14）**解：** ① 74LS160（1）为十进制计数器，74LS160（2）为四进制计数器。

② 两片之间是十进制。

③ 两片之间采用并行连接方式。

④ 整个电路以 L 为输出时是四十进制的。

⑤ 主要状态为 60、61→…→60、69→70、71→…→70、79→80、81→…→80、89→90、91→…→99→60。

5. 设计题答案

（1）**解：** ① 用十六进制计数器 74LS161 实现。

② 电路图及各端标注如题图 4.9 所示，答案不唯一。

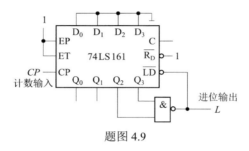

题图 4.9

③ 电路的计数状态：0000→0001→…→1100→0000，共 13 个状态。

（2）**解：** ① 采用十六进制计数器 74LS161 和门电路设计。

② 电路图及各端标注如题图 4.10 所示，答案不唯一。

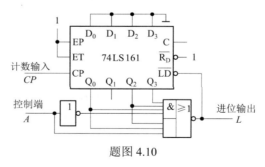

题图 4.10

③ 电路的计数状态：$A = 1$ 时，0000→0001→…→0101→0000，共 6 个状态。

$A = 0$ 时，0000→0001→…→1101→0000，共 14 个状态。

（3）**解：** 方法一：① 设计方法：74LS160 具有同步置数功能，利用循环，计数到 5 后，利用同步置数作用使得计数器回到 0，完成一个六进制的计数器，时钟脉冲从 CP 端输入，计数器计数工作时，$EP = ET = \overline{R}_D = 1$，则须令 $\overline{LD} = \overline{Q_2 \cdot Q_0}$。

② 电路图及各端标注如题图 4.11 所示。

③ 电路的有效计数状态图如题图 4.12 所示。

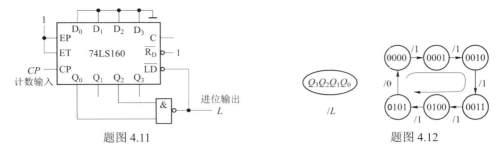

题图 4.11

题图 4.12

方法二：① 设计方法：74LS160 具有同步置数功能，利用循环，计数到 4 后，利用同步置数功能把计数器置为 9（1001），完成一个六进制的计数器，时钟脉冲从 CP 端输入，计数器计数工作时，$EP = ET = \overline{R}_\mathrm{D} = 1$，则须令 $\overline{LD} = \overline{Q}_2$。

② 电路图及各端标注如题图 4.13 所示。

③ 电路的有效计数状态图如题图 4.14 所示。

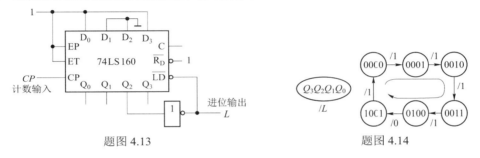

题图 4.13

题图 4.14

（4）解：① $60 = 10 \times 6$，所以用十进制计数器 74LS160 设计比较简单。

② 设计方法：用两片 74LS160，低位作为个位，设计成十进制计数器，高位为十位，设计成六进制计数器。两片之间可以用并行连接方式，也可以采用串行连接方式，所以方法不唯一。

③ 电路图及各端标注如题图 4.15 所示。

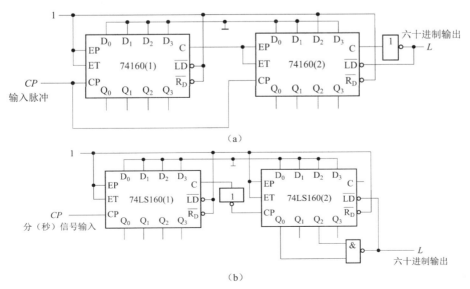

（a）

（b）

题图 4.15

④ 图 4.15（a）电路有效状态为 40～99，共 60 个有效状态；图 4.15（b）电路有效状态为 0～59，共 60 个有效状态，可以作为数字电子钟分（或秒）计时电路。

思考：若（a）图中 74LS160（2）用（b）图中 74LS160（2）的置数方式，整个电路是多少进制的计数器？有效状态是什么？

（5）**解：**① 24=4×6，所以用十进制计数器 74LS160 设计比较简单。

② 设计方法：用两片 74LS160，低位作为个位，设计成四进制计数器，高位为十位，设计成六进制计数器。两片之间采用串行连接方式。

③ 电路图及各端标注如题图 4.16 所示。

④ 电路的有效计数状态为 24 个状态。

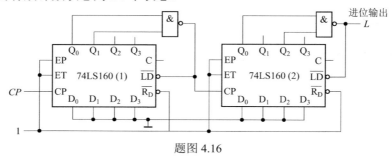

题图 4.16

⑤ 说明：此电路设计方法有很多，如 24=3×8，24<10×10，或 24=2×12（用 74LS161 设计）等，两片之间还可以并行连接。

思考：若作为时钟使用，如何设计 24 进制的计数器。

（6）**解：**① 365<10×10×10，所以用十进制计数器 74LS160 设计比较简单。

② 用三片 74LS160 设计，每片之间采用并行连接方式。

③ 设计方法：用三片 74LS160，每片都是十进制的，采用并行连接方式。最低位作为个位，最高位为百位，整个电路采用整体置数方式，电路的有效计数状态为 0 到 364，共 365 个状态，可以作为数字电子钟年计时电路。

④ 电路图及各端标注如题图 4.17 所示。

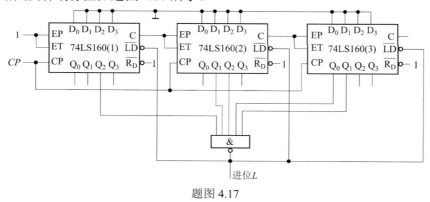

题图 4.17

（7）**解：**① 每片接成十进制。

② 两片之间为十进制。

③ 三十七为素数，不能进行分解，两片 74LS160 先采用并行进位方式接成百进制计数

器，再采用整体置数方法构成三十七进制计数器。

④ 电路图如题图 4.18 所示。

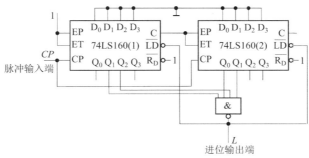

题图 4.18

（8）**解：**① 每片接成十进制。

② 两片之间为十进制。

③ 二十三为素数，不能进行分解，两片 74LS160 先采用并行进位方式接成百进制计数器，再采用整体置数方法构成二十三进制计数器。

④ 电路图如题图 4.19 所示。

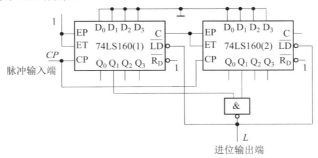

题图 4.19

（9）**解：**① 周期序列为 8 个数据长度，故选用十六进制计数器低三位 $Q_2Q_1Q_0$ 产生周期节拍控制器，先将 161 接于十六进制状态。

② 列出 CP 脉冲顺序、计数器输出状态、灯的状态关系表，设红灯为 L_1，黄灯为 L_2，绿灯为 L_3，三者关系见题表 4.3。

题表 **4.3**

CP 顺序	计数器输出			灯的状态		
	Q_3	Q_2	Q_1	红灯 L_1	绿灯 L_2	黄灯 L_3
0	0	0	0	1	0	0
1	0	0	1	1	0	0
2	0	1	0	0	1	0
3	0	1	1	0	1	0
4	1	0	0	0	0	1
5	1	0	1	1	0	1
6	1	1	0	1	1	1
7	1	1	1	0	0	0
8	0	0	0	1	0	0

③ 列写灯的状态与计数器输出的关系：

$$L_1 = \sum m(0,1,6) = \overline{\overline{m_0} \cdot \overline{m_1} \cdot \overline{m_6}}$$

$$L_2 = \sum m(2,3,6) = \overline{\overline{m_2} \cdot \overline{m_3} \cdot \overline{m_6}}$$

$$L_3 = \sum m(4,5,6) = \overline{\overline{m_4} \cdot \overline{m_5} \cdot \overline{m_6}}$$

④ 控制电灯的逻辑图如题图 4.20 所示。

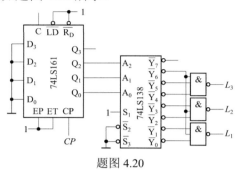

题图 4.20

（10）**解**：① 设计过程：用置数法将 74LS161 接成十四进制计数器，并把它的 $Q_3Q_2Q_1Q_0$ 对应地接至 74LS154 的 $A_3A_2A_1A_0$，在 74LS154 的输出端就得到了 14 个等宽的顺序负脉冲。

② 电路图如题图 4.21 所示。

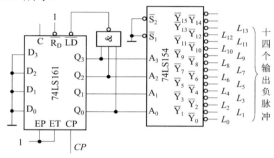

题图 4.21

（11）**解**：① 设计过程：周期序列信号是 8 个长度的序列，先用置数法或清零法将 74LS160 接成八进制计数器，作为周期节拍发生器，并把它的 $Q_2Q_1Q_0$ 对应地接至 74LS151 的 $A_2A_1A_0$，周期性选择数据 $D_0 \sim D_7$。

② 设计电路图如题图 4.22 所示。

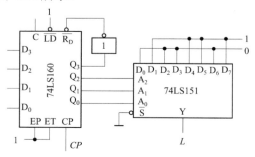

题图 4.22

（12）**解**：① 设计过程：周期序列为 10 个数据长度，故选用十进制计数器产生周期节拍，且将 160 接于十进制工作状态。

数据选择器 CC4512 当两个使能控制端 $\overline{DIS}$、$\overline{INH}$ 为低电平时，有 8 个数据输入端，可以输出 8 个长度的序列。当数据选择器 $\overline{DIS}$ 为低电平、$\overline{INH}$ 为高电平时，处于不工作状态，输出总是低电平，用它产生最后两个低电平信号。

用计数器的输出高位控制数据选择器的 $\overline{INH}$ 端，低三位控制数据选择器的地址端。

② 设计电路图如题图 4.23 所示。

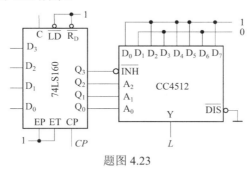

题图 4.23

（13）**解**：① 设计过程：周期序列为 11 个数据长度，故选用十六进制计数器产生周期节拍，且将 74LS161 接于十一进制工作状态。

数据选择器 74LS151，当使能控制端 $\overline{S}$ 为低电平时，有 8 个数据输入端，可以输出 8 个长度的序列。在数据选择器 $\overline{S}$ 为高电平时，处于不工作状态，输出总是低电平，用它产生最后三个低电平信号。

用计数器的输出高位控制数据选择器的 $\overline{S}$ 端，低三位控制数据选择器的地址端。

② 设计电路图如题图 4.24 所示。

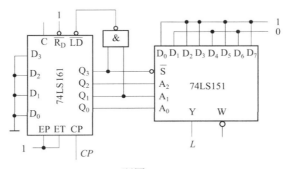

题图 4.24

（14）**解**：① 设计过程：周期序列为 12 个数据长度，故选用十六进制计数器产生周期节拍，且将 74LS161 接于十二进制工作状态。

数据选择器 74LS151，当使能控制端 $\overline{S}$ 为低电平时，有 8 个数据输入端，可以输出 8 个长度的序列。在数据选择器 $\overline{S}$ 为高电平时，处于不工作状态，反相输出总是高电平，用它产生最后三个和第一个连续的四个高电平信号。数据端与给定的序列相反，从数据选择器 74LS151 的反相输出端输出序列。

用计数器的输出高位控制数据选择器的 $\overline{S}$ 端，低三位控制数据选择器的地址端。

② 设计电路图如题图 4.25 所示。

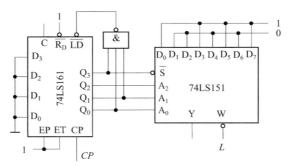

题图 4.25

第 5 章　脉冲波形的产生与变换

1. 选择题答案

题号	（1）	（2）	（3）	（4）	（5）	（6）	（7）	（8）	（9）	（10）
答案	ABC	D	D	AB	D	B	A	B	D	A
题号	（11）	（12）	（13）	（14）	（15）	（16）	（17）			
答案	C	B	C	A	ABD	B	A			

2. 填空题答案

（1）回差　电压滞后

（2）脉宽

（3）施密特触发器

（4）暂稳态

（5）多谐振荡器　单稳态触发器　施密特触发器

（6）石英晶体

（7）TTL　CMOS

（8）多谐振荡器　单稳态触发器　施密特触发器

3. 判断题答案

题号	（1）	（2）	（3）	（4）	（5）	（6）	（7）	（8）	（9）	（10）
答案	√	√	×	√	×	√	√	√	√	√
题号	（11）	（12）	（13）	（14）	（15）	（16）	（17）	（18）	（19）	（20）
答案	√	×	×	×	√	√	√	×	√	√
题号	（21）	（22）	（23）	（24）						
答案	√	√	×	×						

4. 画图题答案

（1）**解**：① 同相施密特触发器。

② 输出波形如题图 5.1 所示。

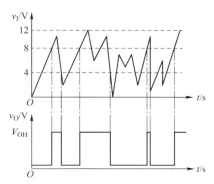

题图 5.1

（2）**解**：① 该电路构成施密特触发器。由于 555 内部比较器 C1 和 C2 的参考电压不同，输出电压 v_O 由高电平变为低电平，或由低电平变为高电平所对应的 v_I 值不同，形成施密特触发特性。

v_I 从 0 逐渐升高的过程，当 $v_I < \frac{1}{3}V_{CC}$ 时，$v_O = 1$；当 $\frac{1}{3}V_{CC} < v_I < \frac{2}{3}V_{CC}$ 时，$v_O = 1$ 保持不变；当 $v_I > \frac{1}{3}V_{CC}$ 时，$v_O = 0$，故在此变化方向上阈值电压为 $\frac{2}{3}V_{CC}$；v_I 从高逐渐下降的过程中，

阈值电压为 $\frac{1}{3}V_{CC}$，故回差电压为 $\Delta V_T = \frac{2}{3}V_{CC} - \frac{1}{3}V_{CC} = \frac{1}{3}V_{CC}$。

② $V_{T+} = \frac{2}{3}V_{CC} = 10\ \text{V}$，$V_{T-} = \frac{1}{3}V_{CC} = 5\ \text{V}$，$\Delta V_T = \frac{1}{3}V_{CC} = 5\ \text{V}$。

③ 输出波形如题图 5.2 所示。

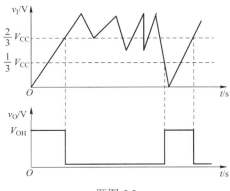

题图 5.2

（3）**解**：① 555 定时器工作在施密特触发器状态。

② $V_{T+} = \frac{2}{3}V_{CC} = 8\ \text{V}$，$V_{T-} = \frac{1}{3}V_{CC} = 4\ \text{V}$，$\Delta V_T = \frac{1}{3}V_{CC} = 4\ \text{V}$。

③ 输出波形如题图 5.3 所示。

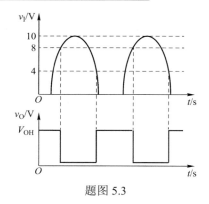

题图 5.3

（4）**解：** ① 是施密特触发器，主要用于波形整形、波形变换、鉴幅。

② $V_{T+}=\dfrac{2}{3}V_{CC}=3.33\ \text{V}$ ， $V_{T-}=\dfrac{1}{3}V_{CC}=1.67\ \text{V}$ ， $\Delta V_T=\dfrac{1}{3}V_{CC}=1.67\ \text{V}$ ，电压传输特性如题图 5.4（a）所示。

③ 输出波形如题图 5.4（b）所示。

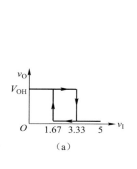

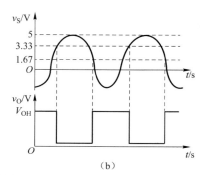

题图 5.4

（5）**解：** ① 左边 74121 A 端接地，B 端有上升沿时输出一个正脉冲，宽度 $t_{w1}=0.69R_{ext}C_{ext}\approx$ 1.4 ms，右边 74121 B 端接高电平，A 端有下升沿时输出一个正脉冲，宽度 $t_{w2}=0.69R_{ext}C_{ext}\approx$ 6.9 ms。

② 两个输出端的波形如题图 5.5 所示。

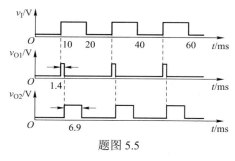

题图 5.5

（6）**解：** ① 电路是单稳态触发器，主要用于波形整形、定时、延时。

② 单稳态触发器的主要参数是暂态时间 t_W，$t_W=1.1R_2C_2=1.1\times100\times10^3\times47\times10^{-6}=5.2\ \text{s}$。

③ 输出波形如题图 5.6 所示。

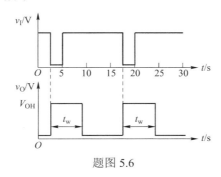

题图 5.6

（7）**解：**① CT74132 接成了多谐振荡器，CT74161 接成了六进制计数器。

② 采用同步置数方法，初始状态为 1010，终了状态为 1111，状态转换图如题图 5.7（a）所示。

③ 输出波形如题图 5.7（b）所示。

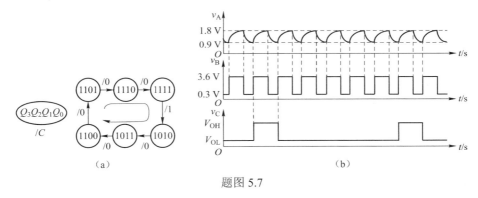

题图 5.7

5. 计算题答案

（1）**解：**① 555 接成了施密特触发器，输入为高电平时，输出为低电平；输入为低电平时，输出为高电平。

② 开关闭合时，输入为高电平，输出为低电平；当 S 断开后，电容器开始充电，当电容器上电压达到 $2/3V_{CC}$ 时，施密特触发器输入端下降到低电平，输出为高电平。

③ 开机延时时间是电容电压从 0 充电到 $\dfrac{2}{3}V_{CC}$ 的时间

$$T_W = RC \ln \frac{V_{CC} - 0}{V_{CC} - \dfrac{2}{3}V_{CC}} = RC \ln 3 = 2.5 \text{ s}$$

（2）**解：**① 555 定时器被接成施密特触发器。

② 电路的工作原理：当探针测试逻辑状态"1"时，输出为低电平，此时 LED_1 亮，LED_2 灭；当探针测试逻辑状态"0"时，输出为高电平，此时 LED_1 灭，LED_2 亮。

③ 电位计 R_W 作为分压计，用来调节控制电压输入端的值，通过调节 R_W，可以调节探针所测逻辑状态"1"和"0"的电平变化范围。LED_1 亮表示探针所测逻辑状态为"1"，LED_2 亮表示探针所测逻辑状态为"0"。

（3）解：① 接成了多谐振荡器。

② 电路的工作原理：按钮不按时，电容器 C_2 上的电荷为 0，4 脚为低电平，振荡器输出为 0，扬声器不响。按下按钮后，电容器 C_2 上的电压为 6 V，扬声器开始发声。松开按钮后，电容器 C_2 通过电阻 R_3 放电，当电容器 C_2 上的电压低于 0.4 V 时，扬声器停止发声。

③ 按钮 S 按一下放开后，门铃响的时间为电容器 C_2 上的电压从 6 V 降低到 0.4 V 的时间，计算得：

$$T_D = \tau \ln \frac{A(\infty) - A(0+)}{A(\infty) - A(t)} = R_3 C_2 \ln \frac{6}{0.4} = 5.1 \ln 15 = 13.8 \,(\text{s})$$

④ 门铃声的频率 $f = \dfrac{1}{T} = \dfrac{1}{0.69(R_1 + 2R_2)C_1} = \dfrac{1}{0.69 \times 210\,000 \times 0.01 \times 10^{-6}} = 690 \,(\text{Hz})$

（4）解：① 门铃鸣响时 555 工作在多谐振荡器方式。

② 工作原理：当门铃按钮 S 未按下时，$\overline{R}_D = 0$，多谐振荡器不工作，输出 v_O 为低电平，喇叭不响；当门铃按钮 S 按下时，$\overline{R}_D = 1$，多谐振荡器开始工作，在输出端输出一系列具有脉宽的矩形波信号，使喇叭鸣响。此时，由 R_W 和 C_4 形成一放电回路，经过一段时间后，$\overline{R}_D$ 变为低电平，振荡器停止工作，喇叭不再鸣响。

③ 改变电路中 R_W 和 C_4 可改变铃响持续时间。

④ 改变电路中 C_1、R_1、R_2 可改变铃响的音调高低。

（5）解：① 555 定时器工作在多谐振荡器状态。

② 当不按 S 时，没有接电源，电容 C_3 电荷 = 0，$\overline{R}_D = 0$，555 输出为 0，扬声器不响。

当按下 S 时，C_3 充电，$\overline{R}_D$ 为高电平，喇叭响。抬起 S 后，C_3 放电，过一会后 $\overline{R}_D$ 为低电平后，喇叭不响。

当按下 S 时，$V_{CC} - D_1 - R_1 - R_2 - C$ 充电；当抬起 S 时，$V_{CC} - R_3 - R_1 - R_2 - C$ 充电，振荡频率是不同的，所以叫双音门铃。

③ R_4、C_3 决定着喇叭响的时间。

④ 改变电路 R_1、R_2、C 的参数可改变铃响的音调高低。

（6）解：① 555（1）接成单稳态触发器，555（2）接成多谐振荡器。

② 电路工作原理：当门铃按钮 S 未按下时，555（1）的 2 端为高电平，电路处于稳态，输出端为低电平，这时，555（2）的 4 端为低电平，555（2）不工作，其输出固定为低电平，扬声器不响。当门铃按钮 S 按下时，555（1）的 2 端产生一个下跳变，555（1）进入暂态，输出为高电平，555（2）开始工作，在输出端输出一系列矩形波信号，使扬声器鸣响。与此同时，+6 V 通过 R_1 开始向电容 C_1 充电，当充电至 $\dfrac{2}{3} V_{CC} = 4$ V 时，555（1）返回到稳态，输出回到低电平，使 555（2）停止工作，扬声器停止鸣响。

③ 改变电路中 R_1、C_1 可改变单稳态触发器的暂态时间，即改变铃响持续时间。

④ 改变电路中 R_3、R_4、C_3 可改变振荡器的振荡频率，即改变铃响的音调高低。

（7）解：① 555（1）接成了施密特触发器，555（2）接成了多谐振荡器。

② 工作原理：当 S 闭合时，$u_C = v_6 = v_2 = 0$ V，v_{O1} 为高电平，555（2）的 $\overline{R}_D = 0$，555（2）不工作。

当 S 断开时，V_{CC} 通过 1 MΩ 电阻给 C 充电，当电容电压达到 $\frac{2}{3} V_{CC}$ 时，$v_{O1}=0$，555（2）自激振荡，扬声器出声。电路工作过程如题图 5.8 所示。

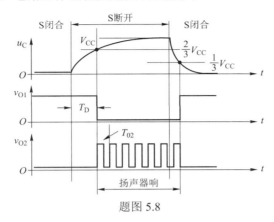

题图 5.8

③ 延时时间为开关 S 断开后电容 C 充电至 $\frac{2}{3} V_{CC}$ 的时间，计算延迟时间为：

$$T_D = RC \ln \frac{V_{CC} - 0}{V_{CC} - \frac{2}{3} V_{CC}} = 10^6 \times 10 \times 10^{-6} \ln \frac{12}{12 - 8} = 11 (\text{s})$$

④ 振荡器的振荡频率就是扬声器发出声音的频率，即

$$f = \frac{1}{(R_1 + 2R_2)C \ln 2} = \frac{1}{15 \times 10^3 \times 0.01 \times 10^{-6} \times 0.69} = 9.66 (\text{kHz})$$

（8）**解：**① 两个 555 都接成了振荡器电路。

② 555（1）输出控制高、低音频率及高低音持续时间；555（2）输出高、低音频率驱动扬声器发音。

③ 高音持续时间为 555（1）低电平输出时间：

$$T_2 = R_2 C \ln \frac{\frac{2}{3} V_{CC}}{\frac{1}{3} V_{CC}} = 0.69 R_2 C_1 = 1.04 \text{ s}$$

低音持续时间为 555（1）高电平输出时间：

$$T_1 = 0.69(R_1 + R_2)C_1 = 1.11 \text{ s}$$

（9）**解：**① 两个 555 分别接成了振荡器电路。

② 电路的工作原理：555（1）一直振荡，它输出低电平时，555（2）不发声；当 555（1）输出高电平时，555（2）发出声音。电路的功能是间歇振荡器。

③ 扬声器鸣响时间即为 555（1）输出高电平时间：

$$T_1 = 0.69(R_1 + R_2)C_1 = 1.11 (\text{s})$$

停止时间即为 555（1）输出低电平时间：

$$T_2 = R_2 C \ln \frac{\frac{2}{3}V_{CC}}{\frac{1}{3}V_{CC}} = 0.69 R_2 C = 1.04\,(\text{s})$$

④ 扬声器发出声音的频率为 555（2）输出脉冲频率：

$$f = \frac{1}{T} = \frac{1}{0.69(R_4 + 2R_5)C_2} = \frac{1}{0.69 \times 210\,000 \times 0.01 \times 10^{-6}} = 690\,(\text{Hz})$$

（10）**解**：① 555（1）和 555（2）都接成了多谐振荡器电路。

② 555（2）接负载，555（1）控制 555 的停止和工作时间。R_{p1} 的作用是控制 555（2）的停止和工作时间，R_{p2} 的作用是控制输出信号 v_O 频率。

③ 多谐振荡器输出的方波的周期是：$T = 0.7(R_2 + 2R_{p2})C_2$。

多谐振荡器输出的方波的频率为

$$f = \frac{1}{0.7(R_2 + 2R_1)C_2}$$

555（1）输出的方波的周期为

$$T_1 = T_{1H} + T_{1L} = 0.7(R_1 + R_{p1})C_1 + 0.7 R_{p1}C_1 = 0.784\,（\text{s}）$$

频率：$f_1 = 1.28\ \text{Hz}$。

555（2）输出的方波的周期参数为

$$T_{2H} = 0.7(R_1 + R_2)C = 0.399\ \text{ms}, \quad T_{2L} = 0.7 R_2 C = 0.329\ \text{ms}$$

周期：$T_2 = T_{2H} + T_{2L} = 0.7(R_2 + R_{p2})C_2 + 0.7 R_{p2}C_2 = 0.728\,（\text{ms}）$。

频率：$f_2 = 1\,374\ \text{Hz}$。

第 6 章　半导体存储器

1. 选择题答案

题号	（1）	（2）	（3）	（4）	（5）	（6）	（7）	（8）	（9）	（10）
答案	BD	A	C	C	D	C	B	D	C	A
题号	（11）	（12）	（13）	（14）	（15）	（16）	（17）	（18）	（19）	（20）
答案	B	B B	C C	A A	B	A	D	A	ACD	B
题号	（21）	（22）	（23）	（24）	（25）	（26）	（27）	（28）	（29）	（30）
答案	A	D	C	A	B	B C D	D	C	B	C

2. 填空题答案

（1）存储容量　存取时间

（2）RAM　　ROM　　　ROM

（3）PROM　　　EPROM　　　E²PROM　　　PROM

（4）断电后，RAM 中存储的数据会丢失，而 ROM 则不会

（5）存储矩阵　地址译码器　I/O 控制电路

（6）存储的数据在断电后不会丢失，并可以用专用装置重新改写原来存储的数据

（7）8　　3　　8

（8）64×8　　6　　8

（9）12　　8

（10）字扩展　　位扩展

（11）字扩展　　位扩展　　字长、位数同时扩展

（12）触发器　　　MOS 管栅极电容 C_S　　　是否积累有负电荷

（13）10　　　4

3. 判断题答案

题号	（1）	（2）	（3）	（4）	（5）	（6）	（7）	（8）	（9）	（10）
答案	√	√	×	√	×	×	√	√	√	×
题号	（11）	（12）	（13）	（14）						
答案	×	×	√	×						

4. 分析题答案

（1）**解**：① 需要 4 片 2114。要进行字扩展。

② 字扩展时低 10 位地址线并联，高 2 位地址线通过译码器控制每片的选线，数据线并联。
接线图如题图 6.1 所示。

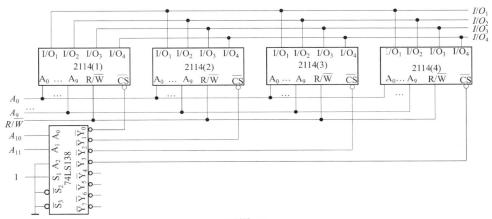

题图 6.1

（2）**解**：① 需要 2 片 1 024×8 位的 ROM。要进行位扩展。

② 位扩展时地址线并联，片选线并联，数据线并行。接线图如题图 6.2 所示。

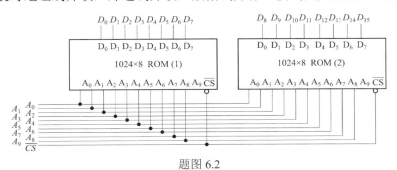

题图 6.2

（3）**解**：① 需要 4 片 2114。要进行字、位同时扩展。

② 接线图如题图 6.3 所示。

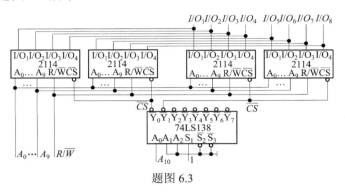

题图 6.3

（4）**解**：① 将给定的各函数表达式化为最小项之和的形式，按 A、B、C、D 顺序排列变量：

$$\begin{cases} L_1 = \overline{A}BCD + \overline{A}BC\overline{D} + \overline{A}\,\overline{B}CD + \overline{A}\,\overline{B}C\overline{D} \\ L_2 = A\overline{B}C\overline{D} + ABC\overline{D} + \overline{A}BC\overline{D} + \overline{A}BCD \\ L_3 = ABC\overline{D} + \overline{A}B\overline{C}\,\overline{D} \\ L_4 = \overline{A}\,\overline{B}C\overline{D} + ABCD \end{cases}$$

$$\begin{cases} L_1 = m_2 + m_3 + m_6 + m_7 \\ L_2 = m_6 + m_7 + m_{10} + m_{14} \\ L_3 = m_4 + m_{14} \\ L_4 = m_2 + m_{15} \end{cases}$$

② 选 4 位地址输入、4 位数据的 16×4 位 ROM。

接线：A、B、C、D 分别接 A_3、A_2、A_1、A_0，D_3、D_2、D_1、D_0 分别接 L_1、L_2、L_3、L_4，用 PROM 或掩膜 ROM 译码器及存储矩阵的点阵图如题图 6.4 所示（圆点代替存储器件）。

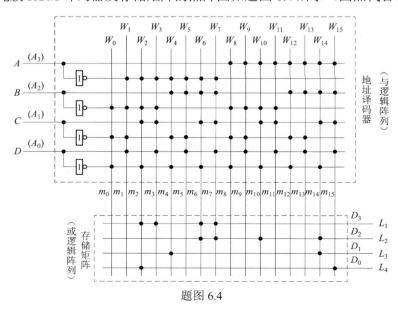

题图 6.4

（5）**解**：① 将给定的各函数表达式化为最小项之和的形式，按 A、B、C、D 顺序排列变量：

$$\begin{cases} L_1 = \overline{A}\,\overline{B}CD + \overline{A}\,\overline{B}C\overline{D} + \overline{A}BCD + \overline{A}B\overline{C}\,\overline{D} + A\overline{B}\,CD + A\overline{B}\,\overline{C}\,D + ABCD + ABC\overline{D} \\ L_2 = \overline{A}B\overline{C}\,\overline{D} + \overline{A}BC\overline{D} + A\overline{B}\overline{C}\overline{D} + A\overline{B}\overline{C}D + A\overline{B}\,C\overline{D} + \overline{A}BCD \\ L_3 = \overline{A}\,\overline{B}\,\overline{C}\,\overline{D} + \overline{A}\,\overline{B}CD + \overline{A}B\overline{C}\,\overline{D} + A\overline{B}\,\overline{C}D + A\overline{B}\,C\overline{D} + ABCD \\ L_4 = ABCD + ABC\overline{D} + A\overline{B}\,\overline{C}\,D + \overline{A}B\overline{C}\,D + \overline{A}BCD \end{cases}$$

$$\begin{cases} L_1 = m_2 + m_3 + m_4 + m_5 + m_8 + m_9 + m_{14} + m_{15} \\ L_2 = m_6 + m_7 + m_{10} + m_{11} + m_{14} + m_{15} \\ L_3 = m_0 + m_3 + m_6 + m_9 + m_{12} + m_{15} \\ L_4 = m_7 + m_{11} + m_{13} + m_{14} + m_{15} \end{cases}$$

② 选 4 位地址输入、4 位数据的 16×4 位 ROM。

接线：A、B、C、D 分别接 A_3、A_2、A_1、A_0，D_3、D_2、D_1、D_0 分别接 L_1、L_2、L_3、L_4，用 PROM 或掩膜 ROM 译码器及存储矩阵的点阵图如题图 6.5 所示（圆点代替存储器件）。

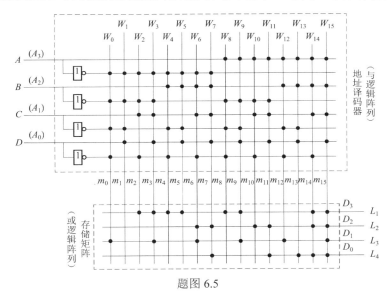

题图 6.5

（6）**解**：① 根据题意要求，以十进制数 $DCBA$ 为输入，以高电平有效的显示译码器驱动信号 L_0、L_1、L_2、L_3、L_4、L_5、L_6（a、b、c、d、e、f、g）为输出，列出转换真值表见题表 6.1。

题表 6.1

输　入					输　　出							
数字	D	C	B	A	L_0 a	L_1 b	L_2 c	L_3 d	L_4 e	L_5 f	L_6 g	字型
0	0	0	0	0	1	1	1	1	1	1	0	0
1	0	0	0	1	0	1	1	0	0	0	0	1
2	0	0	1	0	1	1	0	1	1	0	1	2
3	0	0	1	1	1	1	1	1	0	0	1	3

续表

数字	D	C	B	A	L_0 a	L_1 b	L_2 c	L_3 d	L_4 e	L_5 f	L_6 g	字型
4	0	1	0	0	0	1	1	0	0	1	1	４
5	0	1	0	1	1	0	1	1	0	1	1	５
6	0	1	1	0	0	0	1	1	1	1	1	６
7	0	1	1	1	1	1	1	0	0	0	0	７
8	1	0	0	0	1	1	1	1	1	1	1	８
9	1	0	0	1	1	1	1	0	0	1	1	９

② 输入输出最小项表达式：

$$\begin{cases} L_0(a) = \sum m(0,2,3,5,7,8,9) \\ L_1(b) = \sum m(0,1,2,3,4,7,8,9) \\ L_2(c) = \sum m(0,1,3,4,5,6,7,8,9) \\ L_3(d) = \sum m(0,2,3,5,6,8) \\ L_4(e) = \sum m(0,2,6,8) \\ L_5(f) = \sum m(0,4,5,6,8,9) \\ L_6(g) = \sum m(2,3,4,5,6,8,9) \end{cases}$$

③ 画出阵列图：A、B、C、D 分别接 A_3、A_2、A_1、A_0，D_0、D_1、D_2、D_3、D_4、D_5、D_6 分别接 L_0、L_1、L_2、L_3、L_4、L_5、L_6，用 ROM 译码器及存储矩阵的点阵图如题图 6.6 所示（圆点代替存储器件）。

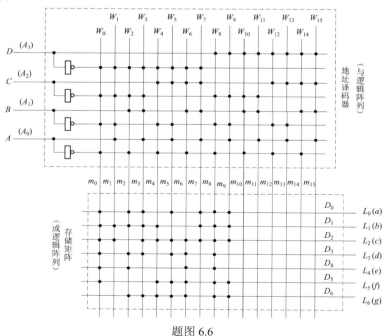

题图 6.6

（7）**解**：① 设两个相乘的数为 A_1A_0、B_1B_0，乘积为 $L_3L_2L_1L_0$，真值表（即 ROM 的数据表）见题表 6.2。

题表 6.2

乘 数				乘 积				说明
A_1	A_0	B_1	B_0	L_3	L_2	L_1	L_0	
0	0	0	0	0	0	0	0	0×0=0
0	0	0	1	0	0	0	0	0×1=0
0	0	1	0	0	0	0	0	0×2=0
0	0	1	1	0	0	0	0	0×3=0
0	1	0	0	0	0	0	0	1×0=0
0	1	0	1	0	0	0	1	1×1=1
0	1	1	0	0	0	1	0	1×2=2
0	1	1	1	0	0	1	1	1×3=3
1	0	0	0	0	0	0	0	2×0=0
1	0	0	1	0	0	1	0	2×1=2
1	0	1	0	0	1	0	0	2×2=4
1	0	1	1	0	1	1	0	2×3=6
1	1	0	0	0	0	0	0	3×0=0
1	1	0	1	0	0	1	1	3×1=3
1	1	1	0	0	1	1	0	3×2=6
1	1	1	1	1	0	0	1	3×3=9

② 电路连接：将输入 A_1A_0、B_1B_0 接入 ROM 的地址输入端 $A_3A_2A_1A_0$，数据端 $D_3D_2D_1D_0$ 作为输出端 $L_3L_2L_1L_0$，存储矩阵点阵图如题图 6.7 所示。

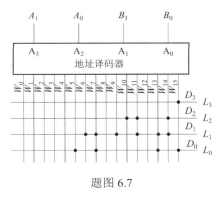

题图 6.7

（8）**解**：① 波形图如题图 6.8 所示。

② D_3、D_2、D_1、D_0 输出的电压波形和 CP 信号频率之比分别为 1/15、1/5、1/3、7/15。

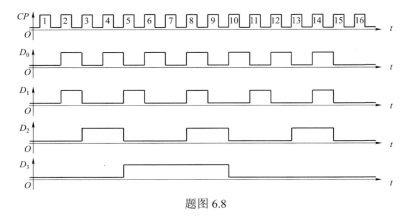

题图 6.8

（9）**解：**① 需要 16 片。② 需要位、字同时扩展。③ 电路连接图如题图 6.9 所示。

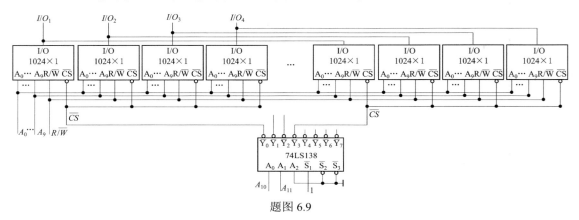

题图 6.9

（10）**解：**① 给定的各函数表达式已是最小项之和的形式，且按 A、B、C 顺序排列变量：

$$\begin{cases} L_1 = m_1 + m_3 + m_6 + m_7 \\ L_2 = m_0 + m_4 + m_5 + m_6 \end{cases}$$

② 选 3 位地址输入、2 位数据的 8×2 位 ROM。

接线：A、B、C 分别接 A_2、A_1、A_0，D_1、D_0 分别接 L_1、L_2，用 ROM 译码器及存储矩阵的点阵如题图 6.10 所示（圆点代替存储器件）。

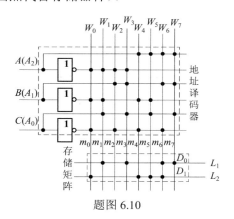

题图 6.10

（11）**解：** ① 将给定的各函数表达式化为最小项之和的形式，按 A、B、C、D 顺序排列变量：

$$\begin{cases}
L_1 = \overline{A}BC\overline{D} + \overline{A}\,\overline{B}\,C\,\overline{D} + AB\overline{C}D + \overline{A}BCD + AB\overline{C}D + ABCD + A\overline{B}CD + A\overline{B}C\overline{D} \\
L_2 = \overline{A}\,\overline{B}\,C\,\overline{D} + \overline{A}\,\overline{B}\,CD + \overline{A}B\overline{C}\,\overline{D} + \overline{A}B\overline{C}D + \overline{A}BC\overline{D} + \overline{A}BCD + AB\overline{C}\,\overline{D} + AB\overline{C}D + A\,\overline{B}\,CD + A\overline{B}CD + AB\,\overline{C}\,D + ABC\overline{D} \\
L_3 = \overline{A}\,\overline{B}\,\overline{C}\,\overline{D} + \overline{A}\,\overline{B}\,C\overline{D} + AB\overline{C}D + A\overline{B}\,CD + \overline{A}BCD + \overline{A}BC\overline{D} + \overline{A}\,\overline{B}\,C\,\overline{D} + A\,\overline{B}\,C\overline{D} + AB\,\overline{C}\,\overline{D} + A\overline{B}C\overline{D} \\
L_4 = A\overline{B}\,\overline{C}D + A\overline{B}\,\overline{C}\,\overline{D} + \overline{A}BCD + \overline{A}BC\overline{D} + \overline{A}BC\overline{D} + AB\overline{C}D + AB\overline{C}D + \overline{A}\,BCD
\end{cases}$$

$$\begin{cases}
L_1 = m_0 + m_2 + m_5 + m_7 + m_{10} + m_{11} + m_{13} + m_{15} \\
L_2 = m_1 + m_2 + m_3 + m_4 + m_5 + m_8 + m_9 + m_{10} + m_{13} + m_{14} \\
L_3 = m_0 + m_2 + m_5 + m_6 + m_7 + m_8 + m_9 + m_{10} + m_{13} \\
L_4 = m_3 + m_5 + m_6 + m_7 + m_8 + m_9 + m_{11} + m_{13}
\end{cases}$$

② 选 4 位地址输入、4 位数据的 16×4 位 PROM。

接线：A、B、C、D 分别接 A_3、A_2、A_1、A_0，D_3、D_2、D_1、D_0 分别接 L_1、L_2、L_3、L_4，用 PROM 或掩膜 ROM 译码器及存储矩阵的点阵如题图 6.11 所示（圆点代替存储器件）。

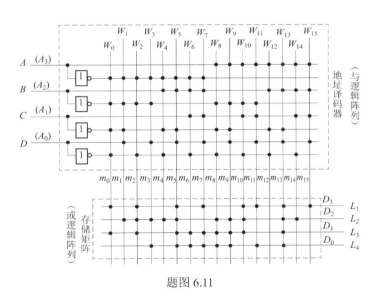

题图 6.11

（12）**解：** ① 设输入为 A、B、C，分别表示加数、被加数、低位来的进位信号，输出为 L_1、L_2，分别表示本位的和、向高位的进位信号。列真值表，见题表 6.3。A、B、C 接存储器地址线 A_2、A_1、A_0，L_1、L_2 接数据线 D_0、D_1，ROM 数据表与真值表相同。

题表 6.3

输 入			输 出	
A	B	C	L_1	L_2
0	0	0	0	0
0	0	1	1	0

续表

输　　入			输　　出	
A	B	C	L_1	L_2
0	1	0	1	0
0	1	1	0	1
1	0	0	1	0
1	0	1	0	1
1	1	0	0	1
1	1	1	1	1

写输出函数的最小项表达式，按 A、B、C 顺序排列变量：

$$\begin{cases} L_1 = m_1 + m_2 + m_3 + m_7 \\ L_2 = m_3 + m_5 + m_6 + m_7 \end{cases}$$

② 选 3 位地址输入、2 位数据的 8×2 位 ROM。

接线：A、B、C 分别接 A_2、A_1、A_0，D_0、D_1 分别接 L_1、L_2，用 ROM 译码器及存储矩阵的点阵如题图 6.12 所示（圆点代替存储器件）。

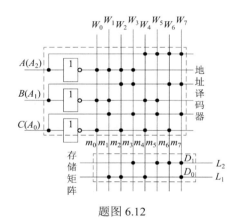

题图 6.12

（13）**解：**① 设 A、B、C、D 为输入，输出信号为 L_0、L_1、L_2、L_3、L_4、L_5、L_6、L_7（a、b、c、d、e、f、g、h），真值表见题表 6.4。输入变量接存储器地址线，输出信号接数据线，ROM 数据表与真值表相同。

题表 6.4

输　入					输　出								
数字	A	B	C	D	L_0 a	L_1 b	L_2 c	L_3 d	L_4 e	L_5 f	L_6 g	L_7 h	字型
0.	0	0	0	0	1	1	1	1	1	1	0	1	🗌.
1.	0	0	0	1	0	1	1	0	0	0	0	1	¦.

续表

输　入					输　　出								
数字	A	B	C	D	L_0 a	L_1 b	L_2 c	L_3 d	L_4 e	L_5 f	L_6 g	L_7 h	字型
2.	0	0	1	0	1	1	0	1	1	0	1	1	己.
3.	0	0	1	1	1	1	1	1	0	0	1	1	彐.
4.	0	1	0	0	0	1	1	0	0	1	1	1	닉.
5.	0	1	0	1	1	0	1	1	0	1	1	1	닉.
6.	0	1	1	0	1	0	1	1	1	1	1	1	占.
7.	0	1	1	1	1	1	1	0	0	0	0	1	기.
8.	1	0	0	0	1	1	1	1	1	1	1	1	8.
9.	1	0	0	1	1	1	1	0	0	1	1	1	닉.
10	1	0	1	0	1	1	1	0	1	1	1	0	뮤
11	1	0	1	1	0	0	1	1	1	1	1	0	占
12	1	1	0	0	0	0	0	1	1	0	1	0	匚
13	1	1	0	1	0	1	1	1	1	0	1	0	너
14	1	1	1	0	1	0	0	1	1	1	1	0	仨
15	1	1	1	1	1	0	0	0	1	1	1	0	仨

输出最小项表达式：

$$\begin{cases}
L_0(a) = \sum m(0,2,3,5,6,7,8,9,10,14,15) \\
L_1(b) = \sum m(0,1,2,3,4,7,8,9,10,13) \\
L_2(c) = \sum m(0,1,3,4,5,6,7,8,9,10,11,13) \\
L_3(d) = \sum m(0,2,3,5,6,8,11,12,13,14) \\
L_4(e) = \sum m(0,2,6,8,10,11,12,13,14,15) \\
L_5(f) = \sum m(0,4,5,6,8,9,10,11,14,15) \\
L_6(g) = \sum m(2,3,4,5,6,8,9,10,11,12,13,14,15) \\
L_7(h) = \sum m(0,1,2,3,4,5,6,7,8,9)
\end{cases}$$

② 画出阵列图：A、B、C、D 分别接 A_3、A_2、A_1、A_0，D_0、D_1、D_2、D_3、D_4、D_5、D_6、D_7 分别接 L_0、L_1、L_2、L_3、L_4、L_5、L_6、L_7，用 ROM 译码器及存储矩阵的结点连接如题图 6.13 所示（圆点代替存储器件）。

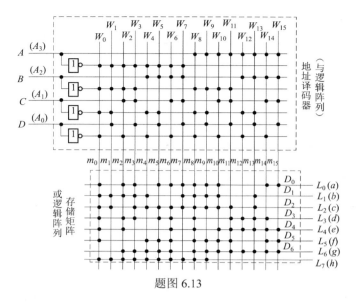

题图 6.13

（14）**解**：① 设七位二进制数 $b_6b_5b_4b_3b_2b_1b_0$ 为输入，转换为十进制数范围是 $0\sim127$，输出信号百位、十位、个位的 8421BCD 分别用 $A_3A_2A_1A_0$、$B_3B_2B_1B_0$、$C_3C_2C_1C_0$ 表示，真值表见题表 6.5。输入变量接存储器地址线，输出信号接数据线，ROM 数据表与真值表相同。

题表 6.5

十进制数	输入							输出											
	b_6	b_5	b_4	b_3	b_2	b_1	b_0	A_3	A_2	A_1	A_0	B_3	B_2	B_1	B_0	C_3	C_2	C_1	C_0
0	0	0	0	0	0	0	0	0	0	0	0	0	0	0	0	0	0	0	0
1	0	0	0	0	0	0	1	0	0	0	0	0	0	0	0	0	0	0	1
2	0	0	0	0	0	1	0	0	0	0	0	0	0	0	0	0	0	1	0
3	0	0	0	0	0	1	1	0	0	0	0	0	0	0	0	0	0	1	1
4	0	0	0	0	1	0	0	0	0	0	0	0	0	0	0	0	1	0	0
5	0	0	0	0	1	0	1	0	0	0	0	0	0	0	0	0	1	0	1
6	0	0	0	0	1	1	0	0	0	0	0	0	0	0	0	0	1	1	0
7	0	0	0	0	1	1	1	0	0	0	0	0	0	0	0	0	1	1	1
8	0	0	0	1	0	0	0	0	0	0	0	0	0	0	0	1	0	0	0
9	0	0	0	1	0	0	1	0	0	0	0	0	0	0	0	1	0	0	1
10	0	0	0	1	0	1	0	0	0	0	0	0	0	0	1	0	0	0	0
11	0	0	0	1	0	1	1	0	0	0	0	0	0	0	1	0	0	0	1
12	0	0	0	1	1	0	0	0	0	0	0	0	0	0	1	0	0	1	0

十进制数	输入							输出											
	b_6	b_5	b_4	b_3	b_2	b_1	b_0	A_3	A_2	A_1	A_0	B_3	B_2	B_1	B_0	C_3	C_2	C_1	C_0
13	0	0	0	1	1	0	1	0	0	0	0	0	0	0	1	0	0	1	1
14	0	0	0	1	1	1	0	0	0	0	0	0	0	0	1	0	1	0	0
15	0	0	0	1	1	1	1	0	0	0	0	0	0	0	1	0	1	0	1
16	0	0	1	0	0	0	0	0	0	0	0	0	0	0	1	0	1	1	0
17	0	0	1	0	0	0	1	0	0	0	0	0	0	0	1	0	1	1	1
18	0	0	1	0	0	1	0	0	0	0	0	0	0	0	1	1	0	0	0
19	0	0	1	0	0	1	1	0	0	0	0	0	0	0	1	1	0	0	1
20	0	0	1	0	1	0	0	0	0	0	0	0	0	1	0	0	0	0	0
21	0	0	1	0	1	0	1	0	0	0	0	0	0	1	0	0	0	0	1
22	0	0	1	0	1	1	0	0	0	0	0	0	0	1	0	0	0	1	0
23	0	0	1	0	1	1	1	0	0	0	0	0	0	1	0	0	0	1	1
24	0	0	1	1	0	0	0	0	0	0	0	0	0	1	0	0	1	0	0
25	0	0	1	1	0	0	1	0	0	0	0	0	0	1	0	0	1	0	1
26	0	0	1	1	0	1	0	0	0	0	0	0	0	1	0	0	1	1	0
27	0	0	1	1	0	1	1	0	0	0	0	0	0	1	0	0	1	1	1
28	0	0	1	1	1	0	0	0	0	0	0	0	0	1	0	1	0	0	0
29	0	0	1	1	1	0	1	0	0	0	0	0	0	1	0	1	0	0	1
30	0	0	1	1	1	1	0	0	0	0	0	0	0	1	1	0	0	0	0
31	0	0	1	1	1	1	1	0	0	0	0	0	0	1	1	0	0	0	1
32	0	1	0	0	0	0	0	0	0	0	0	0	0	1	1	0	0	1	0
33	0	1	0	0	0	0	1	0	0	0	0	0	0	1	1	0	0	1	1
34	0	1	0	0	0	1	0	0	0	0	0	0	0	1	1	0	1	0	0
35	0	1	0	0	0	1	1	0	0	0	0	0	0	1	1	0	1	0	1
36	0	1	0	0	1	0	0	0	0	0	0	0	0	1	1	0	1	1	0
37	0	1	0	0	1	0	1	0	0	0	0	0	0	1	1	0	1	1	1
38	0	1	0	0	1	1	0	0	0	0	0	0	0	1	1	1	0	0	0
39	0	1	0	0	1	1	1	0	0	0	0	0	0	1	1	1	0	0	1
40	0	1	0	1	0	0	0	0	0	0	0	0	1	0	0	0	0	0	0
41	0	1	0	1	0	0	1	0	0	0	0	0	1	0	0	0	0	0	1
42	0	1	0	1	0	1	0	0	0	0	0	0	1	0	0	0	0	1	0
43	0	1	0	1	0	1	1	0	0	0	0	0	1	0	0	0	0	1	1
44	0	1	0	1	1	0	0	0	0	0	0	0	1	0	0	0	1	0	0

续表

十进制数	输入							输出											
	b_6	b_5	b_4	b_3	b_2	b_1	b_0	A_3	A_2	A_1	A_0	B_3	B_2	B_1	B_0	C_3	C_2	C_1	C_0
45	0	1	0	1	1	0	1	0	0	0	0	0	1	0	0	0	1	0	1
46	0	1	0	1	1	1	0	0	0	0	0	0	1	0	0	0	1	1	0
47	0	1	0	1	1	1	1	0	0	0	0	0	1	0	0	0	1	1	1
48	0	1	1	0	0	0	0	0	0	0	0	0	1	0	0	1	0	0	0
49	0	1	1	0	0	0	1	0	0	0	0	0	1	0	0	1	0	0	1
50	0	1	1	0	0	1	0	0	0	0	0	0	1	0	1	0	0	0	0
51	0	1	1	0	0	1	1	0	0	0	0	0	1	0	1	0	0	0	1
52	0	1	1	0	1	0	0	0	0	0	0	0	1	0	1	0	0	1	0
53	0	1	1	0	1	0	1	0	0	0	0	0	1	0	1	0	0	1	1
54	0	1	1	0	1	1	0	0	0	0	0	0	1	0	1	0	1	0	0
55	0	1	1	0	1	1	1	0	0	0	0	0	1	0	1	0	1	0	1
56	0	1	1	1	0	0	0	0	0	0	0	0	1	0	1	0	1	1	0
57	0	1	1	1	0	0	1	0	0	0	0	0	1	0	1	0	1	1	1
58	0	1	1	1	0	1	0	0	0	0	0	0	1	0	1	1	0	0	0
59	0	1	1	1	0	1	1	0	0	0	0	0	1	0	1	1	0	0	1
60	0	1	1	1	1	0	0	0	0	0	0	0	1	1	0	0	0	0	0
61	0	1	1	1	1	0	1	0	0	0	0	0	1	1	0	0	0	0	1
62	0	1	1	1	1	1	0	0	0	0	0	0	1	1	0	0	0	1	0
63	0	1	1	1	1	1	1	0	0	0	0	0	1	1	0	0	0	1	1
64	1	0	0	0	0	0	0	0	0	0	0	0	1	1	0	0	1	0	0
65	1	0	0	0	0	0	1	0	0	0	0	0	1	1	0	0	1	0	1
66	1	0	0	0	0	1	0	0	0	0	0	0	1	1	0	0	1	1	0
67	1	0	0	0	0	1	1	0	0	0	0	0	1	1	0	0	1	1	1
68	1	0	0	0	1	0	0	0	0	0	0	0	1	1	0	1	0	0	0
69	1	0	0	0	1	0	1	0	0	0	0	0	1	1	0	1	0	0	1
70	1	0	0	0	1	1	0	0	0	0	0	0	1	1	1	0	0	0	0
71	1	0	0	0	1	1	1	0	0	0	0	0	1	1	1	0	0	0	1
72	1	0	0	1	0	0	0	0	0	0	0	0	1	1	1	0	0	1	0
73	1	0	0	1	0	0	1	0	0	0	0	0	1	1	1	0	0	1	1
74	1	0	0	1	0	1	0	0	0	0	0	0	1	1	1	0	1	0	0
75	1	0	0	1	0	1	1	0	0	0	0	0	1	1	1	0	1	0	1
76	1	0	0	1	1	0	0	0	0	0	0	0	1	1	1	0	1	1	0

续表

十进制数	输 入							输 出											
	b_6	b_5	b_4	b_3	b_2	b_1	b_0	A_3	A_2	A_1	A_0	B_3	B_2	B_1	B_0	C_3	C_2	C_1	C_0
77	1	0	0	1	1	0	1	0	0	0	0	0	1	1	1	0	1	1	1
78	1	0	0	1	1	1	0	0	0	0	0	0	1	1	1	1	0	0	0
79	1	0	0	1	1	1	1	0	0	0	0	0	1	1	1	1	0	0	1
80	1	0	1	0	0	0	0	0	0	0	0	1	0	0	0	0	0	0	0
81	1	0	1	0	0	0	1	0	0	0	0	1	0	0	0	0	0	0	1
82	1	0	1	0	0	1	0	0	0	0	0	1	0	0	0	0	0	1	0
83	1	0	1	0	0	1	1	0	0	0	0	1	0	0	0	0	0	1	1
84	1	0	1	0	1	0	0	0	0	0	0	1	0	0	0	0	1	0	0
85	1	0	1	0	1	0	1	0	0	0	0	1	0	0	0	0	1	0	1
86	1	0	1	0	1	1	0	0	0	0	0	1	0	0	0	0	1	1	0
87	1	0	1	0	1	1	1	0	0	0	0	1	0	0	0	0	1	1	1
88	1	0	1	1	0	0	0	0	0	0	0	1	0	0	0	1	0	0	0
89	1	0	1	1	0	0	1	0	0	0	0	1	0	0	0	1	0	0	1
90	1	0	1	1	0	1	0	0	0	0	0	1	0	0	1	0	0	0	0
91	1	0	1	1	0	1	1	0	0	0	0	1	0	0	1	0	0	0	1
92	1	0	1	1	1	0	0	0	0	0	0	1	0	0	1	0	0	1	0
93	1	0	1	1	1	0	1	0	0	0	0	1	0	0	1	0	0	1	1
94	1	0	1	1	1	1	0	0	0	0	0	1	0	0	1	0	1	0	0
95	1	0	1	1	1	1	1	0	0	0	0	1	0	0	1	0	1	0	1
96	1	1	0	0	0	0	0	0	0	0	0	1	0	0	1	0	1	1	0
97	1	1	0	0	0	0	1	0	0	0	0	1	0	0	1	0	1	1	1
98	1	1	0	0	0	1	0	0	0	0	0	1	0	0	1	1	0	0	0
99	1	1	0	0	0	1	1	0	0	0	0	1	0	0	1	1	0	0	1
100	1	1	0	0	1	0	0	0	0	0	1	0	0	0	0	0	0	0	0
101	1	1	0	0	1	0	1	0	0	0	1	0	0	0	0	0	0	0	1
102	1	1	0	0	1	1	0	0	0	0	1	0	0	0	0	0	0	1	0
103	1	1	0	0	1	1	1	0	0	0	1	0	0	0	0	0	0	1	1
104	1	1	0	1	0	0	0	0	0	0	1	0	0	0	0	0	1	0	0
105	1	1	0	1	0	0	1	0	0	0	1	0	0	0	0	0	1	0	1
106	1	1	0	1	0	1	0	0	0	0	1	0	0	0	0	0	1	1	0
107	1	1	0	1	0	1	1	0	0	0	1	0	0	0	0	0	1	1	1
108	1	1	0	1	1	0	0	0	0	0	1	0	0	0	0	1	0	0	0

续表

十进制数	输　　入							输　　　出											
	b_6	b_5	b_4	b_3	b_2	b_1	b_0	A_3	A_2	A_1	A_0	B_3	B_2	B_1	B_0	C_3	C_2	C_1	C_0
109	1	1	0	1	1	0	1	0	0	0	1	0	0	0	0	1	0	0	1
110	1	1	0	1	1	1	0	0	0	0	1	0	0	0	1	0	0	0	0
111	1	1	0	1	1	1	1	0	0	0	1	0	0	0	1	0	0	0	1
112	1	1	1	0	0	0	0	0	0	0	1	0	0	0	1	0	0	1	0
113	1	1	1	0	0	0	1	0	0	0	1	0	0	0	1	0	0	1	1
114	1	1	1	0	0	1	0	0	0	0	1	0	0	0	1	0	1	0	0
115	1	1	1	0	0	1	1	0	0	0	1	0	0	0	1	0	1	0	1
116	1	1	1	0	1	0	0	0	0	0	1	0	0	0	1	0	1	1	0
117	1	1	1	0	1	0	1	0	0	0	1	0	0	0	1	0	1	1	1
118	1	1	1	0	1	1	0	0	0	0	1	0	0	0	1	1	0	0	0
119	1	1	1	0	1	1	1	0	0	0	1	0	0	0	1	1	0	0	1
120	1	1	1	1	0	0	0	0	0	0	1	0	0	1	0	0	0	0	0
121	1	1	1	1	0	0	1	0	0	0	1	0	0	1	0	0	0	0	1
122	1	1	1	1	0	1	0	0	0	0	1	0	0	1	0	0	0	1	0
123	1	1	1	1	0	1	1	0	0	0	1	0	0	1	0	0	0	1	1
124	1	1	1	1	1	0	0	0	0	0	1	0	0	1	0	0	1	0	0
125	1	1	1	1	1	0	1	0	0	0	1	0	0	1	0	0	1	0	1
126	1	1	1	1	1	1	0	0	0	0	1	0	0	1	0	0	1	1	0
127	1	1	1	1	1	1	1	0	0	0	1	0	0	1	0	0	1	1	1

② 画出 ROM 存储矩阵点阵图：存储器选 $2^7 \times 12$ 位，输入 b_6、b_5、b_4、b_3、b_2、b_1、b_0 分别接地址线 A_6、A_5、A_4、A_3、A_2、A_1、A_0，数据线 D_{11}、D_{10}、D_9、D_8、D_7、D_6、D_5、D_4、D_3、D_2、D_1、D_0 分别接输出 A_3、A_2、A_1、A_0、B_3、B_2、B_1、B_0、C_3、C_2、C_1、C_0，ROM 存储矩阵的点阵如题图 6.14 所示（圆点代替存储器件）。

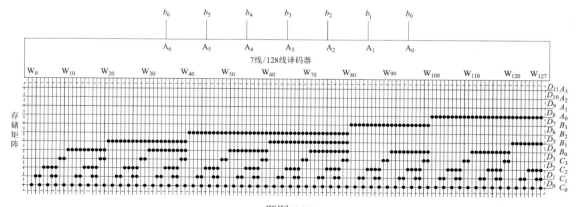

题图 6.14

（15）**解**：由图 6.14 可知：计数器 74LS160 为十进制，ROM 的输出应该是十个脉冲为一个周期。根据 ROM 数据表可知：D_3、D_2、D_1、D_0 输出在十个脉冲作月下分别为 0000110000、0011001100、0101001010、0000000000。

在 CP 信号连续作用下波形如题图 6.15 所示。

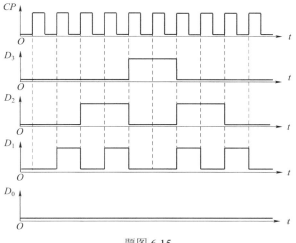

题图 6.15

（16）**解**：由图 6.5 可知：计数器 74LS160 为十进制，ROM 的输出是十个脉冲为一个周期。根据题意要求，在 CP 信号连续作用下 D_3、D_2、D_1、D_0 输出的电压波形为 0～9 的锯齿波，可得 ROM 数据表，见题表 6.6。

题表 6.6

输 入 地 址				存 储 数 据			
A_3	A_2	A_1	A_0	D_3	D_2	D_1	D_0
0	0	0	0	0	0	0	0
0	0	0	1	0	0	0	1
0	0	1	0	0	0	1	0
0	0	1	1	0	0	1	1
0	1	0	0	0	1	0	0
0	1	0	1	0	1	0	1
0	1	1	0	0	1	1	0
0	1	1	1	0	1	1	1
1	0	0	0	1	0	0	0
1	0	0	1	1	0	0	1

第 7 章　数/模和模/数转换电路

1. 选择题答案

题号	（1）	（2）	（3）	（4）	（5）	（6）	（7）	（8）	（9）	（10）
答案	B	A	D	CD	B	B	B	C	B	B
题号	（11）	（12）	（13）	（14）	（15）	（16）	（17）	（18）		
答案	C	A	B	D	B	A	B	C		

2. 填空题答案

（1）A/D

（2）采样　保持　量化　编码

（3）分辨率　非线性误差　绝对精度　建立时间

（4）数字量的位数　0.02%

（5）0.787 4

（6）1.52

（7）将模拟量转化为数字量

（8）将数字量转化为模拟量

（9）并行比较型　逐次比较型　双积分型

3. 判断题答案

题号	（1）	（2）	（3）	（4）	（5）	（6）	（7）	（8）	（9）	（10）
答案	√	√	×	√	√	×	×	√	√	×
题号	（11）	（12）	（13）	（14）	（15）	（16）				
答案	√	√	×	√	×	√				

4. 分析题答案

解：（1）电路工作过程及每个器件的作用：74LS160 在一系列脉冲作用下，按十进制规律计数，输出为 0000 到 1001 十个状态，它输入到 RAM 的低 4 位地址上，RAM 输出循环为 $D_3D_2D_1D_0$ 十个数据，经 D/A 转换器计算输出为模拟量。

160 作为节拍发生器，十个脉冲为一个周期；RAM 存储波形的数据，决定波形的形状；AD7520 为 D/A 转换器，将数字量转换为模拟量输出，最终输出波形。

（2）按 $v_\mathrm{O} = -\dfrac{V_\mathrm{REF}}{2^{10}} D$ 计算在每个 D 输入时的输出：

$$v_\mathrm{O} = -\frac{V_\mathrm{REF}}{2^n} D = -\frac{-8}{1\,024}(d_9 \times 2^9 + d_8 \times 2^8 + d_7 \times 2^7 + d_6 \times 2^6)$$

$$= 0.5(8D_3 + 4D_2 + 2D_1 + D_0)$$

$D=0000$ 时，$v_\mathrm{O} = 0.5(8D_3 + 4D_2 + 2D_1 + D_0) = 0$；

$D=0001$ 时，$v_\mathrm{O} = 0.5(8D_3 + 4D_2 + 2D_1 + D_0) = 0.5$；

$D=0010$ 时， $v_O = 0.5(8D_3 + 4D_2 + 2D_1 + D_0) = 1.0$ ；

$D=0011$ 时， $v_O = 0.5(8D_3 + 4D_2 + 2D_1 + D_0) = 1.5$ ；

$D=0100$ 时， $v_O = 0.5(8D_3 + 4D_2 + 2D_1 + D_0) = 2.0$ ；

$D=0101$ 时， $v_O = 0.5(8D_3 + 4D_2 + 2D_1 + D_0) = 2.5$ 。

（3） v_O 与 CP 的波形如题图 7.1 所示。

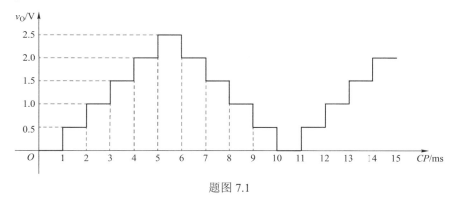

题图 7.1

5. 设计题答案

解：（1）设计过程：由给定的图 7.2（c）可知，波形为周期性的，而且是八个 CP 脉冲为一个周期，所以要有一个八进制的节拍发生器，选用 74LS161 的低 3 位输出作为八进制计数器。

将计数器的输出作为存储器 RAM 的地址输入，A_3 接地，选 8×4 存储器，存储信息作为波形的数据；将存储器 RAM 的数据输出作为 AD7520 的输入端，输入的模拟量作为波形发生器的结果。完整电路图如题图 7.2 所示。

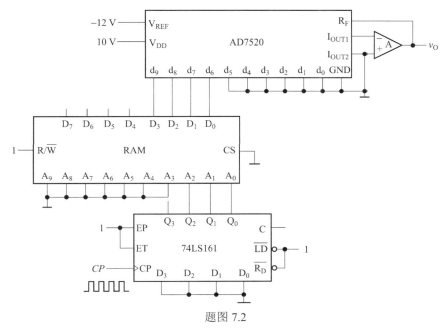

题图 7.2

（2）计算 RAM 的数据表：

根据 $v_O = -\dfrac{V_{REF}}{2^n} D$ 计算得:

$$v_O = -\dfrac{-12}{1024}(d_9 \times 2^9 + d_8 \times 2^8 + d_7 \times 2^7 + d_6 \times 2^6)$$

$$= 0.75(8D_3 + 4D_2 + 2D_1 + D_0)$$

由给定的波形计算,得到 RAM 的数据表,见题表 7.1。

题表 7.1

A_2	A_1	A_0	D_3	D_2	D_1	D_0
0	0	0	0	0	0	0
0	0	1	0	0	0	1
0	1	0	0	0	1	1
0	1	1	0	1	1	0
1	0	0	1	0	1	0
1	0	1	1	1	1	1
1	1	0	1	0	1	1
1	1	1	1	0	0	0

(3)计算时钟 CP 的频率:

波形周期 T=16 ms,需要 8 个 CP 脉冲,所以,CP 脉冲周期为 2 ms,频率 f=500 Hz。

参考文献

[1] 阎石. 数字电子技术基础 [M]. 第 5 版. 北京：高等教育出版社，2006.

[2] 康华光. 电子技术基础数字部分 [M]. 第 4 版. 北京：高等教育出版社，2000.

[3] 赵巍. 数字电子技术基础 [M]. 北京：北京理工大学出版社，2012.

[4] 郭永贞. 数字电子技术 [M]. 第 2 版. 南京：东南大学出版社，2008.

[5] 刘进进. 电子技术基础教程（数字部分）[M]. 武汉：湖北科学技术出版社，2001.

[6] 杨志忠. 数字电子技术 [M]. 北京：高等教育出版社，200C.

[7] 欧阳星明. 数字逻辑 [M]. 武汉：华中理工大学出版社，2C00.

[8] 杨光友. 单片微型计算机原理及接口技术 [M]. 北京：中国水利水电出版社，2002.

[9] 许小军. 电子技术实验与课程设计指导数字电路分册 [M]. 南京：东南大学出版社，2005.

[10] 毕满清. 电子技术实验与课程设计 [M]. 第 2 版. 南京：东南大学出版社，2003.

[11] 李桂林. 数字系统设计综合实验教程 [M]. 南京：东南大学出版社，2011.

[12] 邹逢兴. 典型题解析与实战模拟数字电子技术基础 [M]. 长沙：国防科技大学出版社，2001.

[13] 陈永甫. 新编 555 集成电路应用 800 例 [M]. 北京：电子二业出版社，2000.

[14] 陈大钦. 数字电子技术基础学习与解题指南 [M]. 武汉：华中科技大学出版社，2004.

[15] 尹雪飞. 集成电路速查大全 [M]. 西安：西安电子科技大学出版社，1997.

[16] 梁廷贵. 现代集成电路技术手册（计数器，分频器，锁存器，寄存器，驱动器分册）[M]. 北京：科学技术文献出版社，2002.

[17] 梁廷贵. 现代集成电路技术手册（译码器，编码器，数据选择器，电子开关，电源分册）[M]. 北京：科学技术文献出版社，2002.

[18] 梁廷贵. 现代集成电路技术手册（积分式 A/D 转换器，其他专用集成电路分册）[M]. 北京：科学技术文献出版社，2002.